新工科·普通高等教育机电类系列教材

工程制图及 CAD 习题集
第 2 版

主　编　李建新
副主编　王兴国　李　腾
参　编　徐元龙　高　慧　郝　明　高玉芳

机械工业出版社

本书内容包括：制图的基本知识和基本技能，点、直线、平面的投影，立体的投影，组合体的三视图，轴测投影图，机件的常用表达方法，标准件和常用件，零件工作图，装配图，立体表面的展开，焊接图，以及 AutoCAD 绘图基础。

本书可作为高等院校非机械类专业（尤其是轻化工类专业）的本科、专科、成人高等教育"工程制图"课程配套的习题集，也可供其他近机械类专业的学生和相关领域的工程技术人员参考。

图书在版编目（CIP）数据

工程制图及 CAD 习题集/李建新主编. —2 版. —北京：机械工业出版社，2023.6
（2025.3 重印）
新工科·普通高等教育机电类系列教材
ISBN 978-7-111-73262-4

Ⅰ.①工⋯　Ⅱ.①李⋯　Ⅲ.①工程制图-AutoCAD 软件-高等学校-习题集
Ⅳ.①TB237-44

中国国家版本馆 CIP 数据核字（2023）第 096241 号

机械工业出版社（北京市百万庄大街 22 号　邮政编码 100037）
策划编辑：王勇哲　　　　　　　　责任编辑：王勇哲
责任校对：李　婷　刘雅娜　　　　封面设计：王　旭
责任印制：任维东
天津市光明印务有限公司印刷
2025 年 3 月第 2 版第 4 次印刷
370mm×260mm·10 印张·240 千字
标准书号：ISBN 978-7-111-73262-4
定价：30.00 元

电话服务　　　　　　　　　　　网络服务
客服电话：010-88361066　　　机　工　官　网：www.cmpbook.com
　　　　　010-88379833　　　机　工　官　博：weibo.com/cmp1952
　　　　　010-68326294　　　金　　书　　网：www.golden-book.com
封底无防伪标均为盗版　　　机工教育服务网：www.cmpedu.com

前　言

本书根据教育部高等学校工程图学课程教学指导分委员会制定的《高等学校工程图学课程教学基本要求》编写，并与李建新主编的《工程制图及 CAD》（第 2 版）教材配套使用，也可根据具体情况与其他教材配合使用。

本书着眼于学生基本技能的培养和训练，在力求符合一般工科院校非机械类制图课程教学基本要求的前提下，结合了轻化工类专业的特点和需要，在编写零件工作图、装配图、焊接图三章的内容时，尽量采用了轻化工设备和机器上的零部件，增强了本书的工程性。

为了便于教学，本书的编排顺序与配套教材保持一致，题目编排由易至难，由浅入深，前后衔接。为了使学生在学时减少的情况下得到较好的训练，本书对题目进行了精炼，题目难度适宜，数量适当，同时加强了对学生计算机绘图能力的培养。全书采用现行国家标准。

本书由李建新任主编，王兴国、李腾任副主编，参编人员还有徐元龙、高慧、郝明和高玉芳。

本书可作为高等院校非机械类工业（尤其是轻化工类专业）的本科、专科、成人高等教育"工程制图"课程配套的习题集，也可供其他近机械类专业的学生和相关领域的工程技术人员参考。

限于编者水平，书中难免存在不当之处，敬请广大读者批评指正。

编　者

目　　录

前言

第一章　制图的基本知识和基本技能 ………………………………………………………… 1

第二章　点、直线、平面的投影 ……………………………………………………………… 6

第三章　立体的投影 …………………………………………………………………………… 16

第四章　组合体的三视图 ……………………………………………………………………… 22

第五章　轴测投影图 …………………………………………………………………………… 33

第六章　机件的常用表达方法 ………………………………………………………………… 35

第七章　标准件和常用件 ……………………………………………………………………… 45

第八章　零件工作图 …………………………………………………………………………… 50

第九章　装配图 ………………………………………………………………………………… 57

第十章　立体表面的展开 ……………………………………………………………………… 68

第十一章　焊接图 ……………………………………………………………………………… 70

第十二章　化工制图（略）

第十三章　AutoCAD 绘图基础 ………………………………………………………………… 71

参考文献 ………………………………………………………………………………………… 75

第一章 制图的基本知识和基本技能

1-1 字体练习　　　班级：　　姓名：　　学号：

ABCDEFGHIJKLMNOPQRSTUVWXYZ

ABCDEFGHIJKLMNOPQRSTUVWXYZ

abcdefghijklmnopqrstuvwxyz

ⅠⅡⅢⅣⅤⅥⅦⅧⅨⅩ　αβγδθμπσφϕ

12345678901234567890

123456789012345678901234567890

R3　C2　　M24-6H　　78±0.1　　10JS5(±0.003)

φ20$^{+0.033}_{+0.020}$　　φ15$-^{0}_{0.011}$　　φ65H7　　10f6　　3P6　　3p6

尺寸左右内外前后主平立向比例系专业班级

制描图审核序号名称材料件数备注斜锥度

投影俯仰视局部旋转技术要求螺栓钉母垫圈

齿销轮键簧轴滚承杆架柄钩端盖盘套箱体

1-2 线型练习

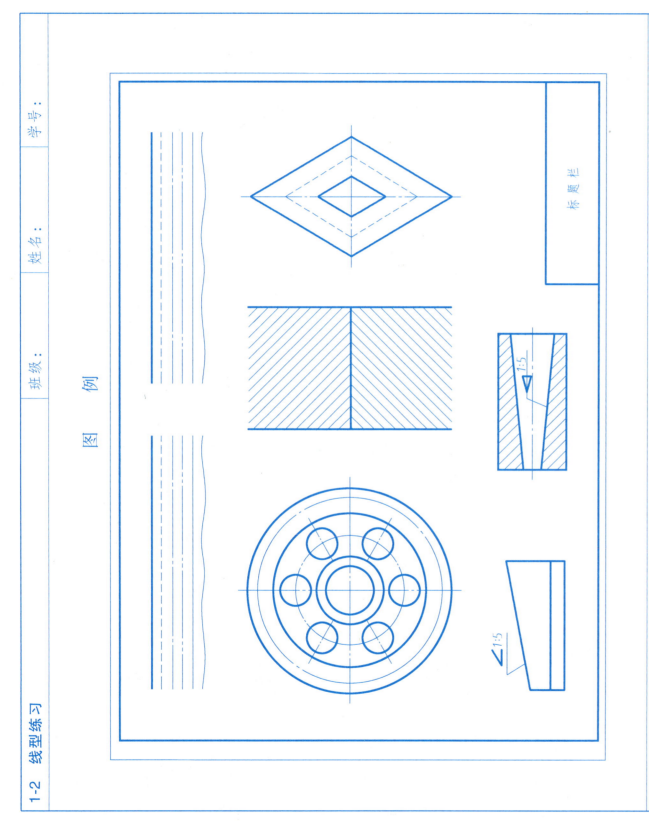

图 例

说 明

一、作业名称
本作业图名为"线条绘制基本方法"。

二、作图要求
1) 正确使用绘图仪器，绘制不同角度的图线，图中除锥度、斜度外，皆为特殊角度，必须用三角板配合丁字尺作出。
2) 图线要符合国家标准《机械制图 图样画法 图线》（GB/T 4457.4—2002）的要求。

三、作图步骤
1) 将 A3 图纸按左下图所示固定在图板上。
2) 根据国家标准《技术制图 图纸幅面和格式》（GB/T 14689—2008）画出 A3 图纸的外框和内框（底稿一律用细线绘制）。
3) 根据右下图所示尺寸画出标题栏。
4) 按上方图例所示，用分规放大一倍，确定每一图形的位置。
5) 按图例所示（放大一倍），画出每一图形的底稿。
6) 锥度、斜度处（只画倾斜线部分）只量左端，再按已给的锥度和斜度数值作出，切勿照抄原图。
7) 图线检查无误后描粗。
8) 填写标题栏。
9) 最后检查，擦除多余图线，并按外框裁去纸边。

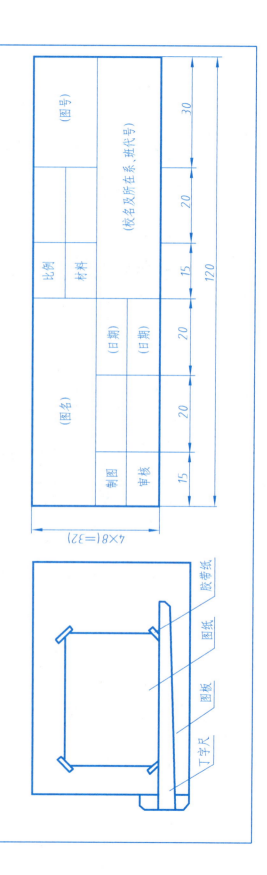

· 2 ·

| 1-3 尺寸注法 | 班级： 姓名： 学号： |

1. 在下列图中画出箭头并填入尺寸数值（尺寸数值从图中按1：1的比例量取，并取整数）。

2. 在下列图中填入角度数值（角度数值从图中按1：1的比例量取，并取整数）。

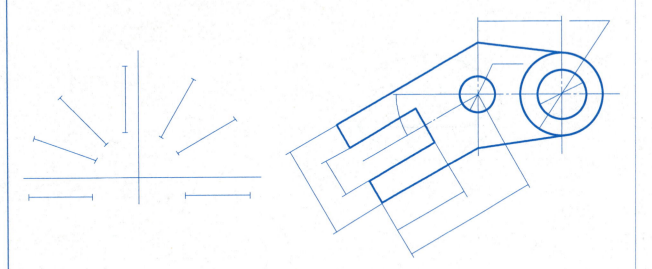
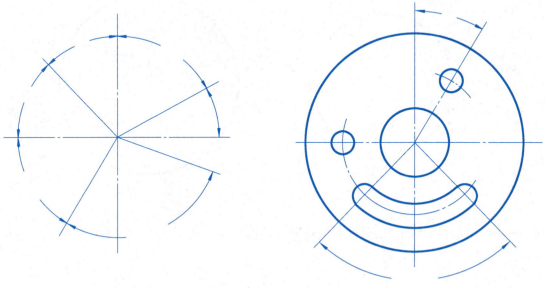

3. 在下列图中注出圆的直径及圆弧的半径尺寸（尺寸数值从图中按1：1的比例量取，并取整数）。

4. 修改左图中错误的尺寸注法，并在右图上使用正确的尺寸注法标注尺寸。

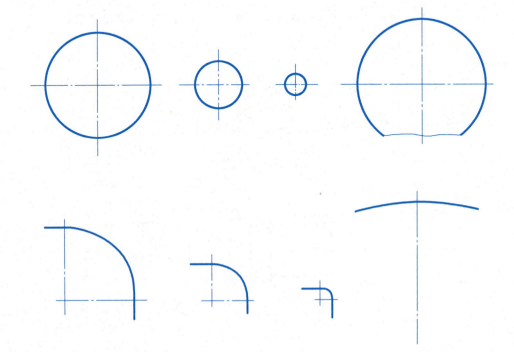
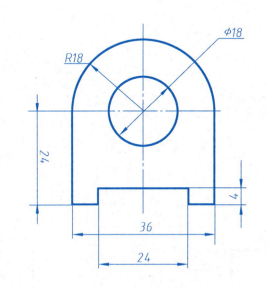
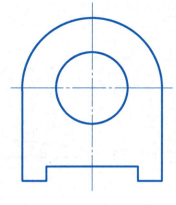

1-4 几何作图

班级： 姓名： 学号：

1. 分别作圆的内接正五边形和圆的内接正六边形。

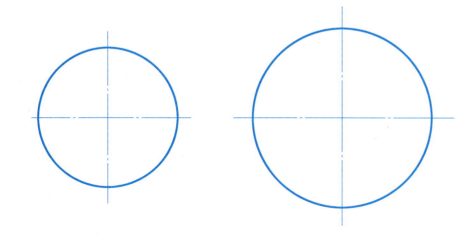

2. 分别使用同心圆法和四心圆法绘制椭圆（长轴长 60mm，短轴长 40mm）。

3. 按照示意图的尺寸，在指定位置补全图形轮廓，并标注尺寸。

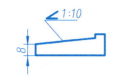

4. 在指定位置，按照左上图给出的尺寸，按 1：1 的比例完成已知线段和圆弧连接作图。

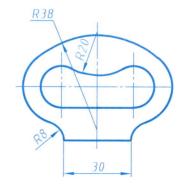

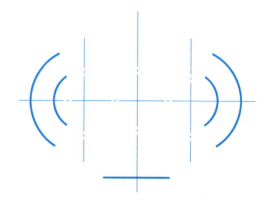

5. 在指定位置，按照左上图给出的尺寸，按 1：1 的比例完成圆弧连接作图。

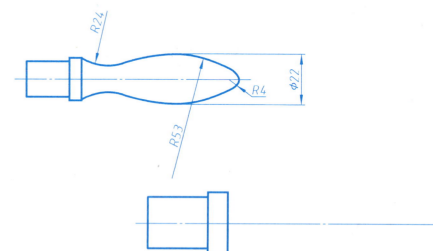

1-5 圆弧连接　　　　班级：　　　姓名：　　　学号：

1. 按照图中给定的尺寸在 A3 图纸上按 1∶1 的比例绘制图形，并标注尺寸。

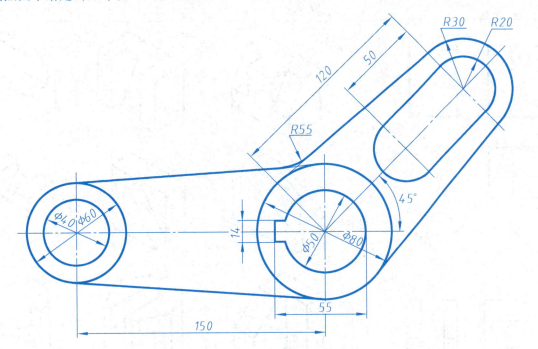

2. 按照图中给定的尺寸在 A3 图纸上按 1∶1 的比例绘制图形，并标注尺寸。

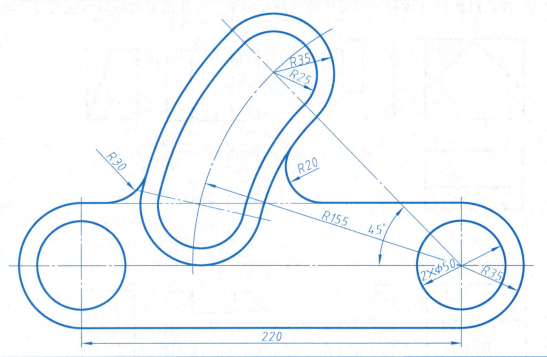

3. 按照图中给定的尺寸在 A3 图纸上按 1∶1 的比例绘制图形，并标注尺寸。

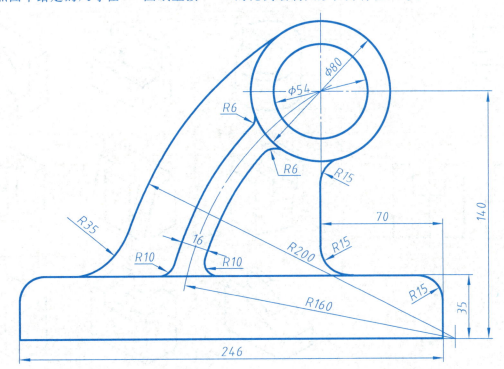

4. 按照图中给定的尺寸在 A3 图纸上按 1∶1 的比例绘制图形，并标注尺寸。

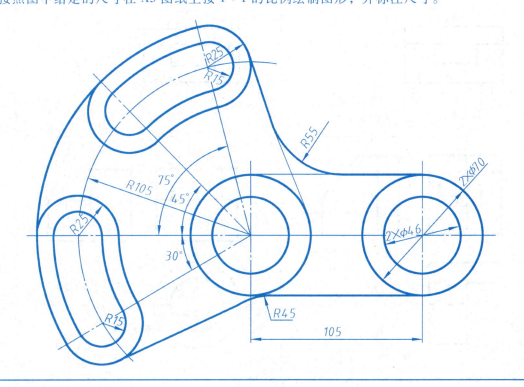

第二章 点、直线、平面的投影

2-1 读正投影图（读懂下列形体的三面投影图，并在圆圈内填写其所对应轴测图的号码）

2-2 点的投影

班级：　　　　姓名：　　　　学号：

1. 已知各点的空间位置，试作出它们的三面投影。

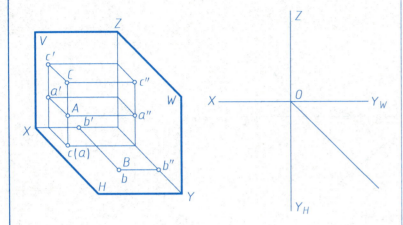

2. 已知各点的两面投影，试作出它们的第三面投影。

（1）　　　　　　　　　　（2）

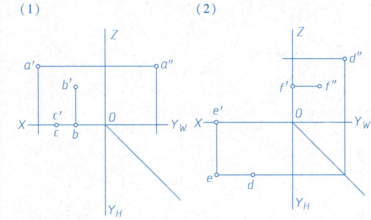

3. 根据表格中所列已知条件，试作出各点的三面投影。

（单位：mm）

	距V面	距H面	距W面
A	10	15	20
B	15	20	10
C	20	10	15

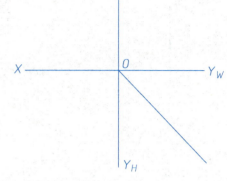

4. 已知点 A 在点 B 的上方 10mm、后方 10mm、左方 10mm 处，点 C 在点 D 的下方 10mm、前方 10mm、右方 5mm 处，试作出点 A 和点 C 的三面投影。

（1）　　　　　　　　　　（2）

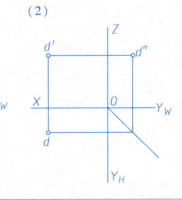

5. 已知各点的三面投影，将各点与投影面的距离填到表格中（数值直接从图中按 1:1 的比例量取，并取整数）。

（单位：mm）

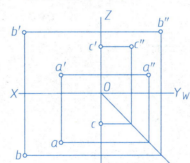

	距V面	距H面	距W面
A			
B			
C			

6. 已知点 A（10，15，25）和点 B（20，5，15），试作出点 A 和点 B 的三面投影。

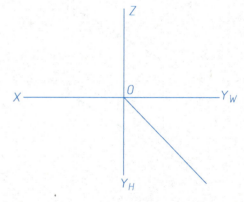

7. 已知点 A 的三面投影和点 B、点 C 的 V 面、W 面投影，求点 B、点 C 的 H 面投影。

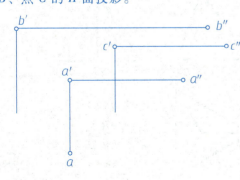

8. 已知点 A（15，10，0）和点 B（10，15，5），试作出它们的三面投影及其空间位置。

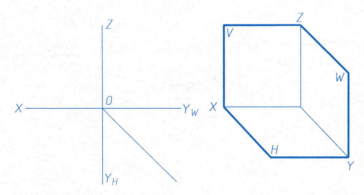

9. 已知 A、B、C、D 四点的空间位置，试在三面投影中标出各点的投影。

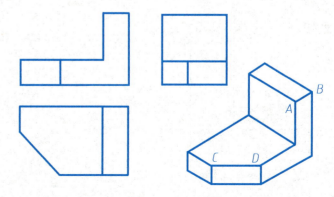

2-3 直线的投影（一） 班级： 姓名： 学号：

1. 根据直线的两面投影作出第三面投影，并想象其空间位置，在下方横线上写出其是何种位置直线。

(1) 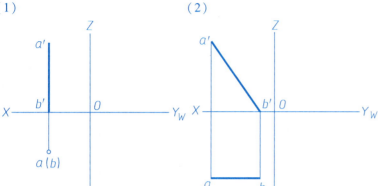 (2) (3) 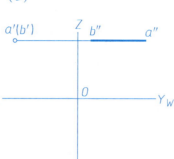 (4) 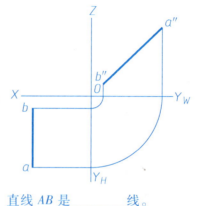 (5) 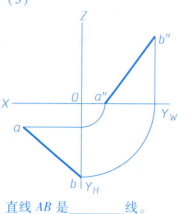 (6)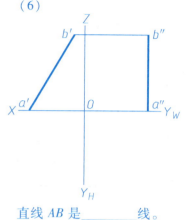

直线 AB 是_____线。　　直线 AB 是_____线。　　直线 AB 是_____线。　　直线 AB 是_____线。　　直线 AB 是_____线。　　直线 AB 是_____线。

2. 求直线 AB 的实长，并求其对 H 面的倾角 α 和对 V 面的倾角 β。

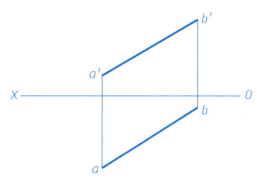

3. 求过点 A 的长度为 45mm、与 V 面的倾角为 β=30° 的水平线 AB，作出其两面投影。

4. 在已知线段 AB 上求点 C，使 AC：CB = 1：2，作出点 C 的两面投影。

(1)　　(2)

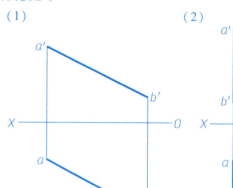

5. 已知直线 L 上有一点 A，试在直线 L 上取点 B，使 AB = 25mm，作出其两面投影。

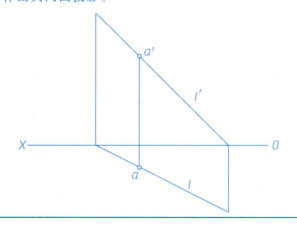

6. 对直线 AB，已知 a、a' 及 b，且 α=30°，试求直线 AB 的两面投影。

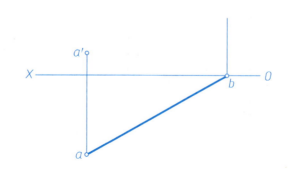

7. 已知正三棱锥的三面投影，试回答下列问题。

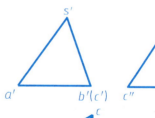 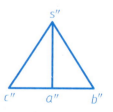

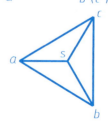

直线 AS 是_____线，
直线 AB 是_____线，
直线 SB 是_____线，
____和____是相交两直线，
____和____是交叉两直线。

2-4 直线的投影（二）

1. 判断两直线的相对位置并填写在下方横线上。对交叉两直线用投影连线及符号来判别重影点（要分出可见点、不可见点）。

(1)   (2)   (3)   (4)   (5)   (6)

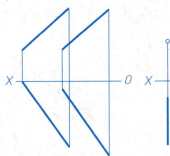 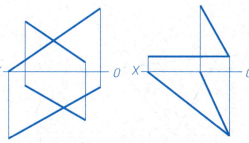

两直线_____。 两直线_____。 两直线_____。 两直线_____。 两直线_____。 两直线_____。

2. 试在距离 H 面 15mm 处，引一条水平线与已知的平行两直线 AB、CD 相交，作出其两面投影。

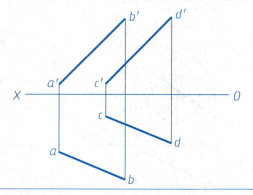

3. 求一平行于投影轴、并与直线 AB、CD 相交的直线，作出其两面投影。

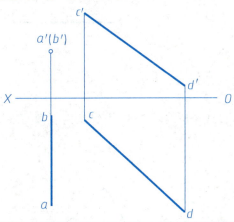

4. 在直线 AB 上求一点 K，使点 K 距 H 面、V 面的距离相等，作出其两面投影。

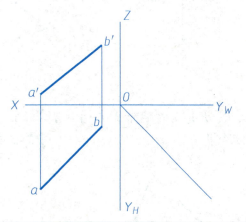

5. 求一与直线 CD、EF 均相交，并与直线 AB 平行的直线，作出其两面投影。

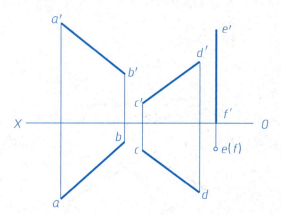

6. 求过点 A 的正平线 AD，使其与已知直线 BC 相交，作出其两面投影。

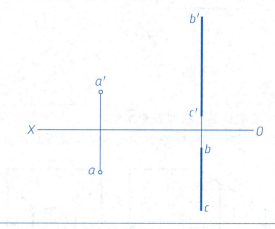

7. 已知过点 M 的直线 MN 垂直直线 AB 于点 N，求直线 MN 的两面投影和实长。

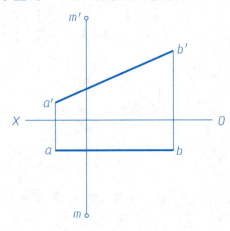

8. 求点 M 到直线 AB 的距离。

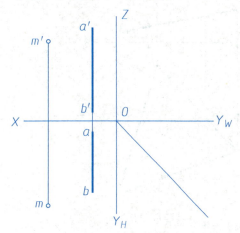

9. 判断两直线在空间中的相对位置，填在下方横线上。

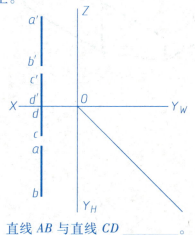

直线 AB 与直线 CD _____。

10. 求交叉两直线 AB、CD 的公垂线，作出其两面投影。

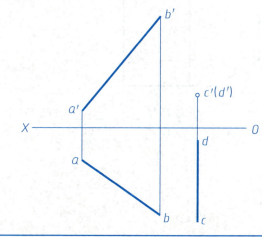

2-5 平面的投影（一）

1. 已知平面 ABCD 和 △EFG 及平面上点 K 的两面投影，完成各平面和点 K 的第三面投影，判断平面分别是哪种位置平面并填写在下方的横线上。
   （1）　　　　　　　　　　　　　　（2）

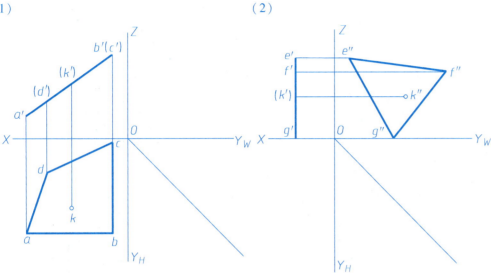

平面 ABCD 是_____面。　　　　平面 △EFG 是_____面。

2. 根据描述，完成下列平面图形的两面投影。
   （1）已知 △ABC 为铅垂面且与 V 面的倾角 $\beta = 30°$。
   （2）△DEF 为水平面。
   （3）正方形 ABCD 为正垂面，直线 AC 为其对角线。

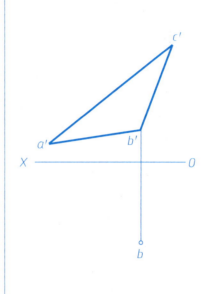 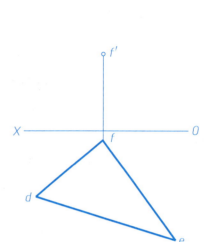 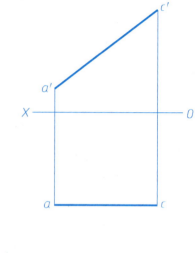

3. 在立体的三面投影中用粗实线描出平面 P 的三面投影，在空白处作出平面 Q 的三面投影，判断平面 P、Q 分别是哪种位置平面并填写在下方的横线上。

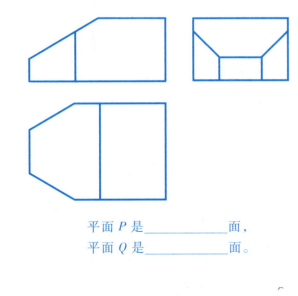

平面 P 是_____面，
平面 Q 是_____面。

4. 判断点 K、L 是否在平面 ABC 内并填写在下方的横线上。

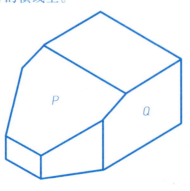

点 K _____平面 ABC 内，
点 L _____平面 ABC 内。

5. 判断点 K 和直线 DE 是否在平面 ABC 内并填写在下方的横线上。
   （1）　　　　　　　　（2）

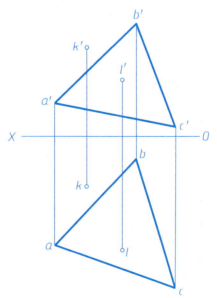 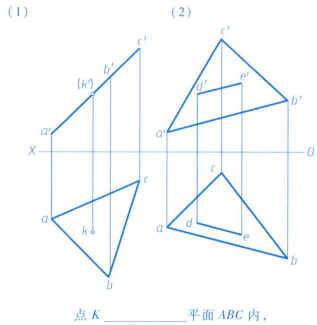

点 K _____平面 ABC 内，
直线 DE _____平面 ABC 内。

2-6 平面的投影（二） 班级： 姓名： 学号：

1. 已知平面的两面投影，试判断该平面是哪种位置平面并填写在下方的横线上。
（1） （2） （3） （4）

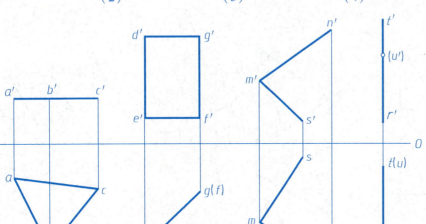

平面 ABC 是_____面，平面 DEFG 是_____面，
平面 MNS 是_____面，平面 RUT 是_____面。

2. 完成平面内"A"的水平投影。

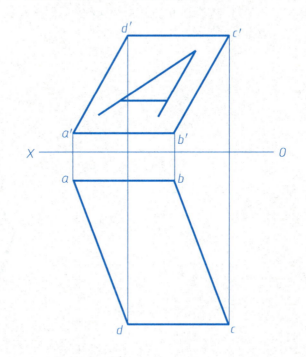

3. 在平面 ABCD 内取点 K，使其距 V 面 25mm、距 H 面 15mm，作出其两面投影。

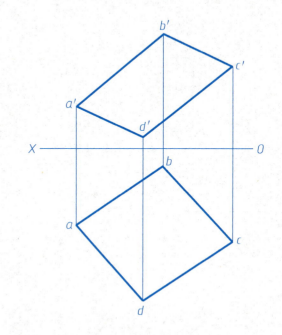

4. 过已知直线作平面（用迹线表示），并完成如下选择题。
（1）作铅垂面。 （2）作正垂面。 （3）作铅垂面。

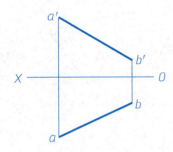 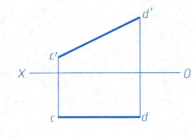 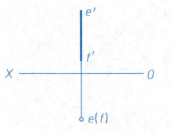

讨论：
过一般位置直线可作（ ）。
A. 正垂面
B. 侧垂面
C. 正平面
D. 一般位置平面

过正平线可作（ ）。
A. 侧垂面
B. 铅垂面
C. 正平面
D. 一般位置平面

过铅垂线可作（ ）。
A. 正垂面
B. 水平面
C. 侧垂面
D. 一般位置平面

5. 已知平面 ABCD 的边 BC 平行于 H 面，完成该平面的正面投影。

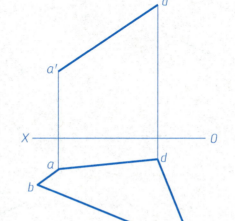

6. 完成正方形 ABCD 的两面投影。

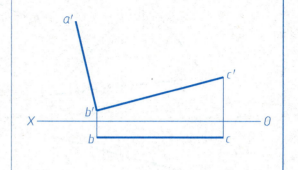

2-7 直线与平面、平面与平面的相对位置（一）   班级：   姓名：   学号：

1. 试作出直径为 30mm，圆心为点 A 的圆的两面投影。
（1）圆平行于 V 面且距 V 面 15mm。
（2）圆平行于 H 面且距 H 面 15mm。
（3）圆在对 H 面倾角为 45°的正垂面内。

2. 根据所给条件，判断直线与平面、平面与平面是否互相平行并填写在下方的横线上。
（1）a'b'(d')c'//e'f'，ef//OX。
（2）b'c'//d'e'，a'b'//f'g'，bc//de，ab//fg。
（3）a'b'//c'd'//e'f'//g'h'，ab//cd//ef//gh。

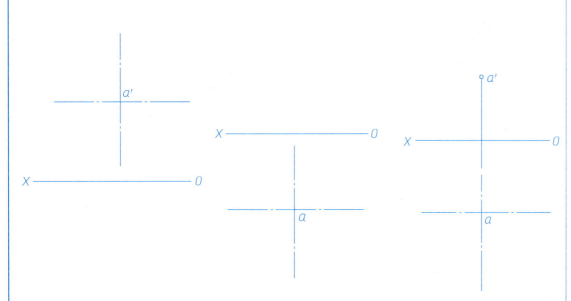

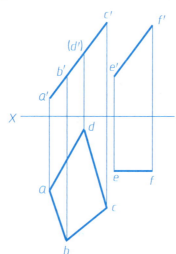

直线 EF 与平面 ABCD _____。

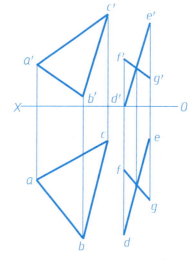

平面 ABC 与相交两直线 DE、FG 确定的平面 _____。

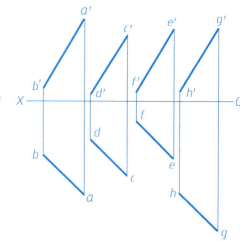

平行两直线 AB、CD 确定的平面与平行两直线 EF、GH 确定的平面 _____。

3. 已知由平行两直线 AB、CD 确定的平面 P 平行于 △EFG，试完成平面 P 的投影。

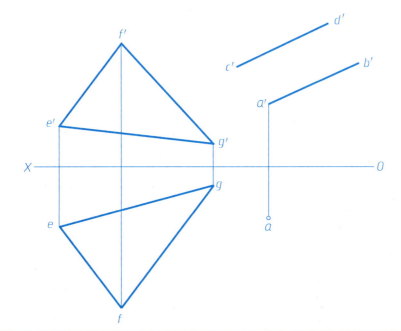

4. 求一条过点 K 且平行于 △ABC 和 V 面的直线，作出其两面投影。

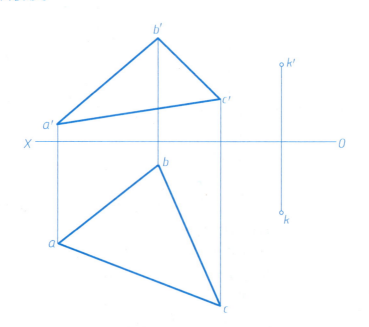

5. 已知 △ABC 与 △DEF 平行，d'e'//b'c'，试补全 △DEF 的 H 面投影。

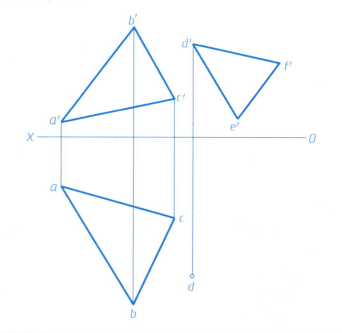

2-8 直线与平面、平面与平面的相对位置（二）　　班级：　　姓名：　　学号：

1. 求作下列各题中直线与平面的交点的投影，并判断可见性。

(1)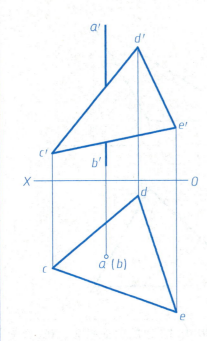
(2)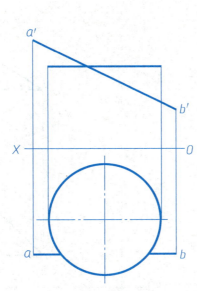
(3)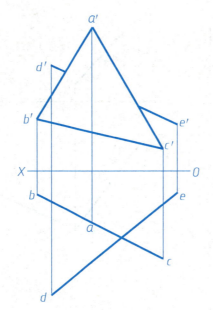
(4)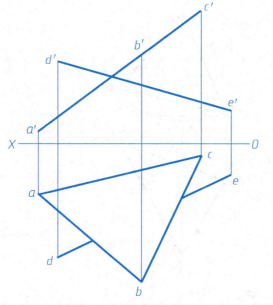

2. 求作△ABC和矩形DEFG的交线的投影，并判断可见性。

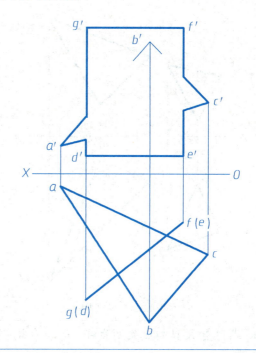

3. 求作下列两题中直线与平面的交点的投影，并判断可见性。

(1)　　(2)
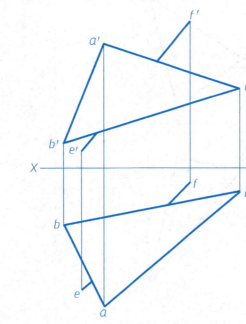

4. 判断直线MN是否垂直于△ABC，并填写在下方的横线上。

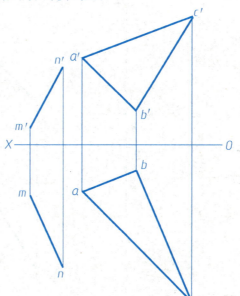

直线MN＿＿＿△ABC。

5. 求过点M且垂直于平面△ABC的直线，作出其两面投影。

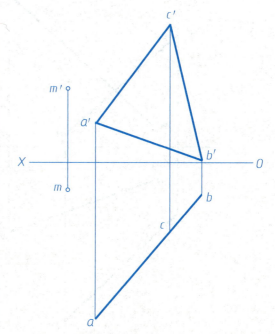

2-9　直线与平面、平面与平面的相对位置（三）　　班级：　　姓名：　　学号：

1. 判断△LMN是否垂直于△ABC并填写在下方的横线上。

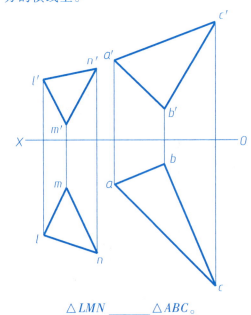

△LMN _____ △ABC。

2. 求过点A的正垂面ABC，并使其同时垂直于平面△DEF，作出其两面投影。

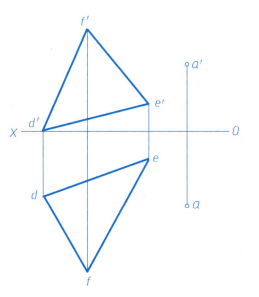

3. 已知AB、BC两直线垂直相交，求直线BC的V面投影。

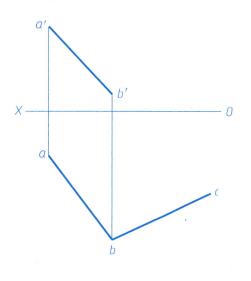

4. 求过平面△ABC内点K的平面垂线KL，并使KL＝30mm，作出其两面投影。

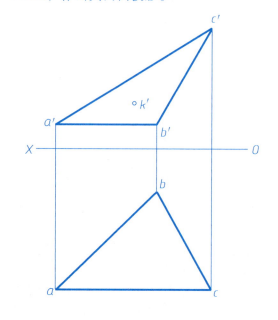

5. 求过点K且与交叉两直线AB、CD均相交的直线，作出其两面投影。

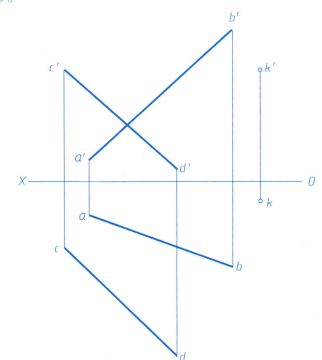

6. 求过点K且平行于△ABC，并与直线MN相交的直线，作出其两面投影。

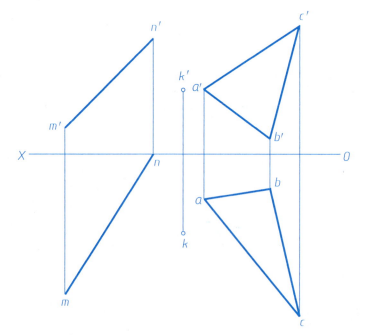

7. 已知平行四边形ABCD中AB边的两面投影；BC边为水平线，长40mm，方向向右、向后，与V面的倾角β＝30°。完成平行四边形ABCD的两面投影。

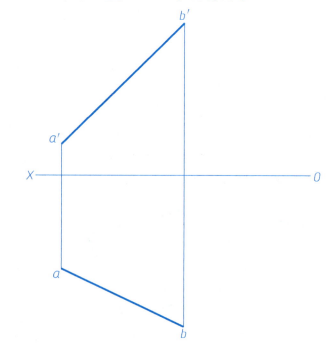

2-10 投影变换

班级：　　　姓名：　　　学号：

1. 用换面法求线段 AB 的实长及其对 H 面、V 面的倾角 α、β。

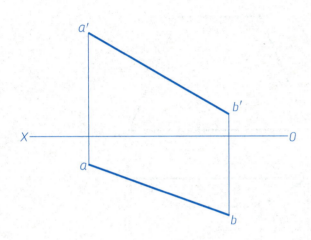

2. 用换面法求点 M 到平面 ABCD 的距离，并确定垂足的投影。

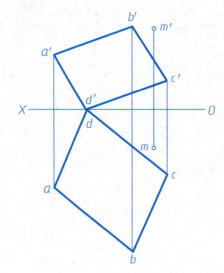

3. 用换面法求 △ABC 与 △ABD 的夹角。

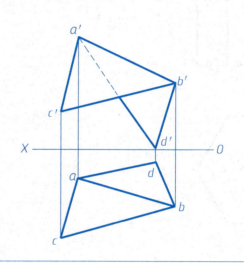

4. 用换面法补全以 AB 为底边的等腰 △ABC 的水平投影。

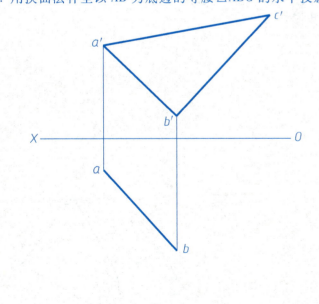

5. 用换面法求交叉两直线 AB、CD 的最短距离及其投影。

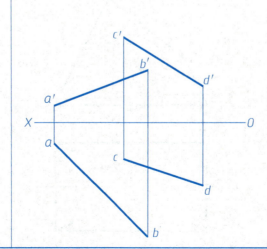

6. 用垂直轴旋转法求线段的实长及对投影面的倾角。

（1）求 α。　　　　　　　　　（2）求 β。

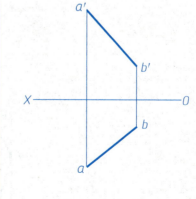 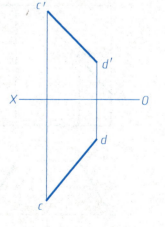

第三章 立体的投影

3-1 平面立体投影和表面取点　　班级：　姓名：　学号：

1. 补画六棱柱的侧面投影，补全点 A、B 的三面投影。

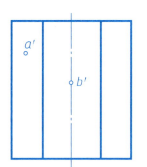
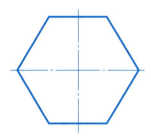

2. 补画四棱锥的侧面投影，补全点 A、B、C 的三面投影。

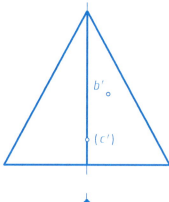

3. 补画四棱台的侧面投影，补全点 A、B、C 的三面投影。

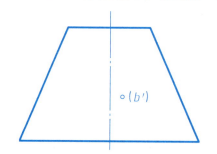
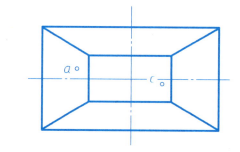

4. 完成截切后六棱柱的水平投影，并画出侧面投影。

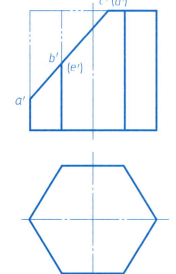
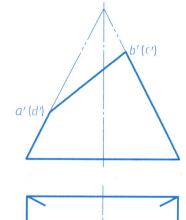

5. 完成截切后四棱锥的水平投影，并画出侧面投影。

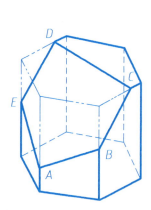

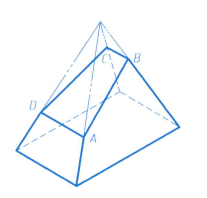

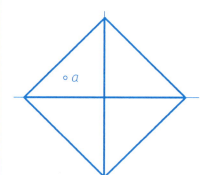

3-2 曲面立体表面取点、线和求截交线投影

1. 求作曲面立体表面上点及线段的投影。

(1)

(2)

(3)

(4)

2. 补全曲面立体的投影。

(1)

(2)

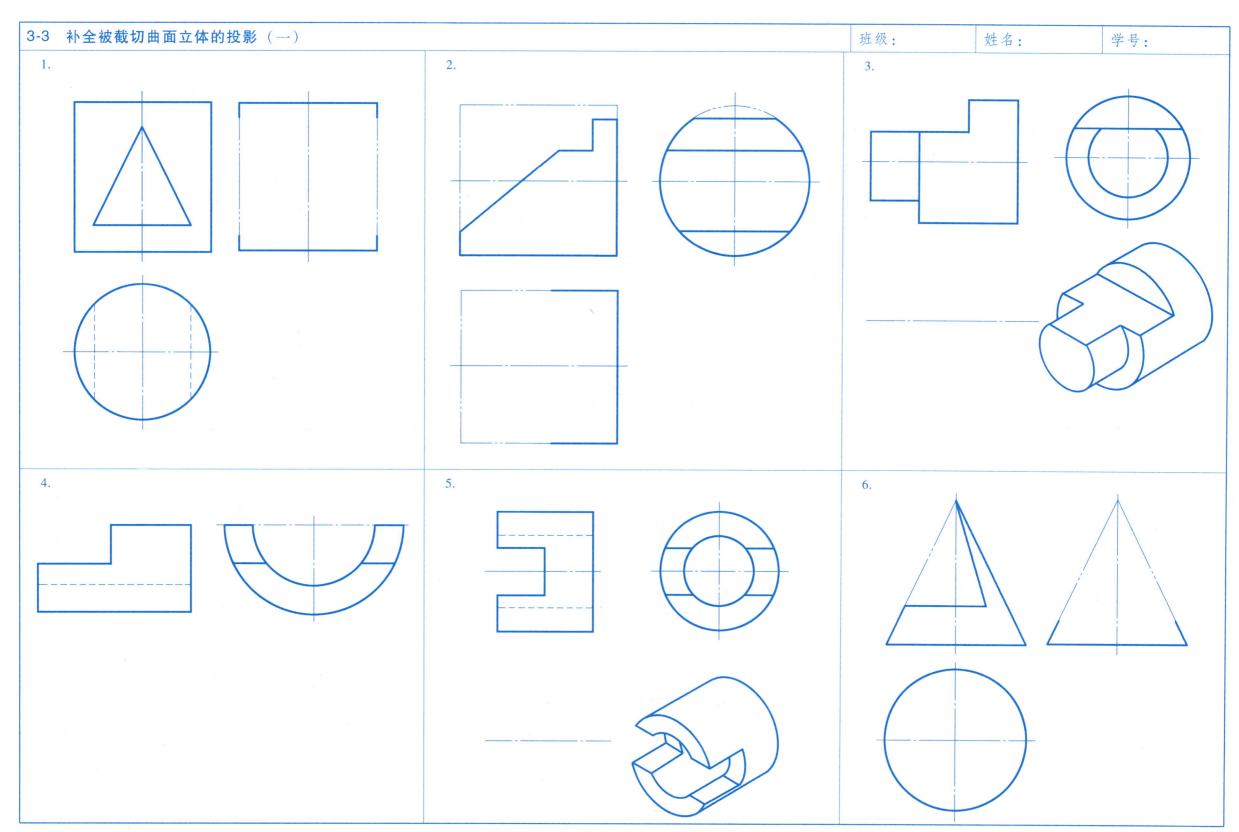

3-4 补全被截切曲面立体的投影（二）　　班级：　　姓名：　　学号：

1.

2.

3.

4.

5.

6.

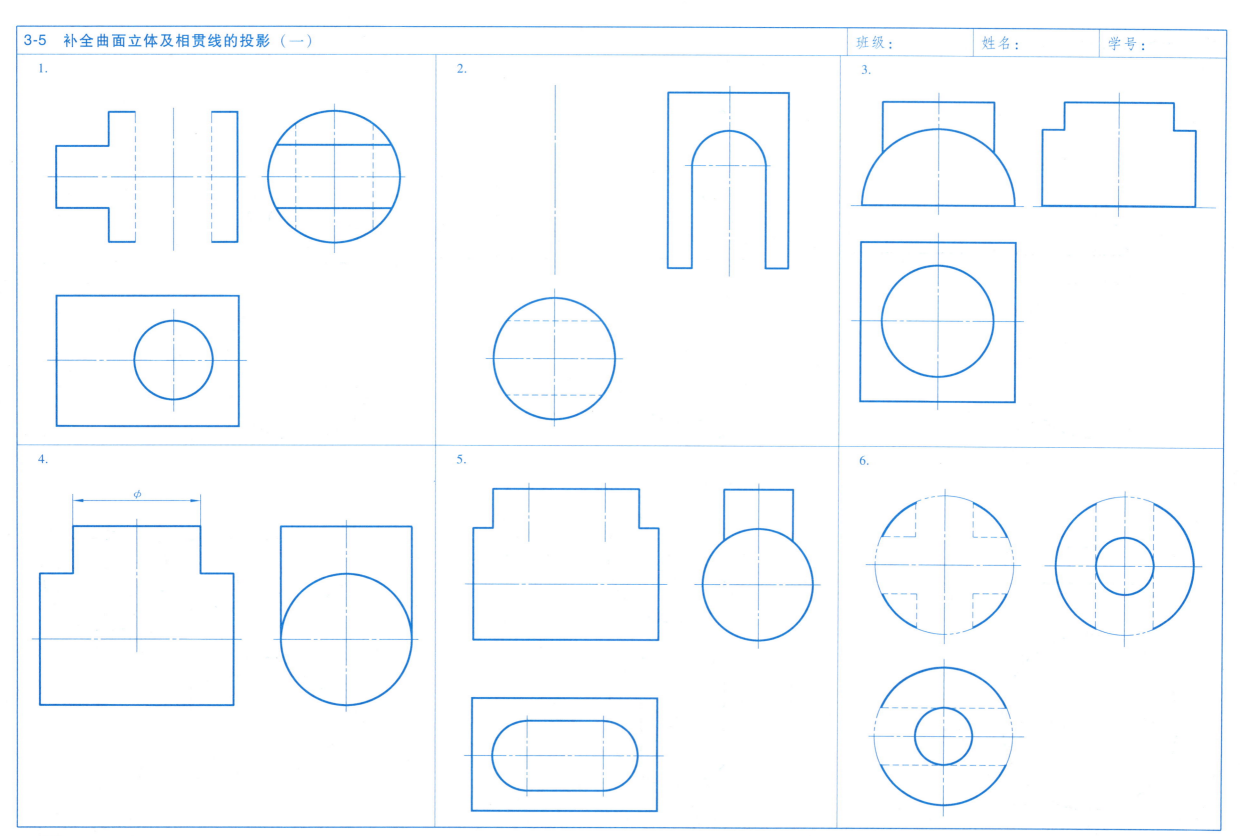

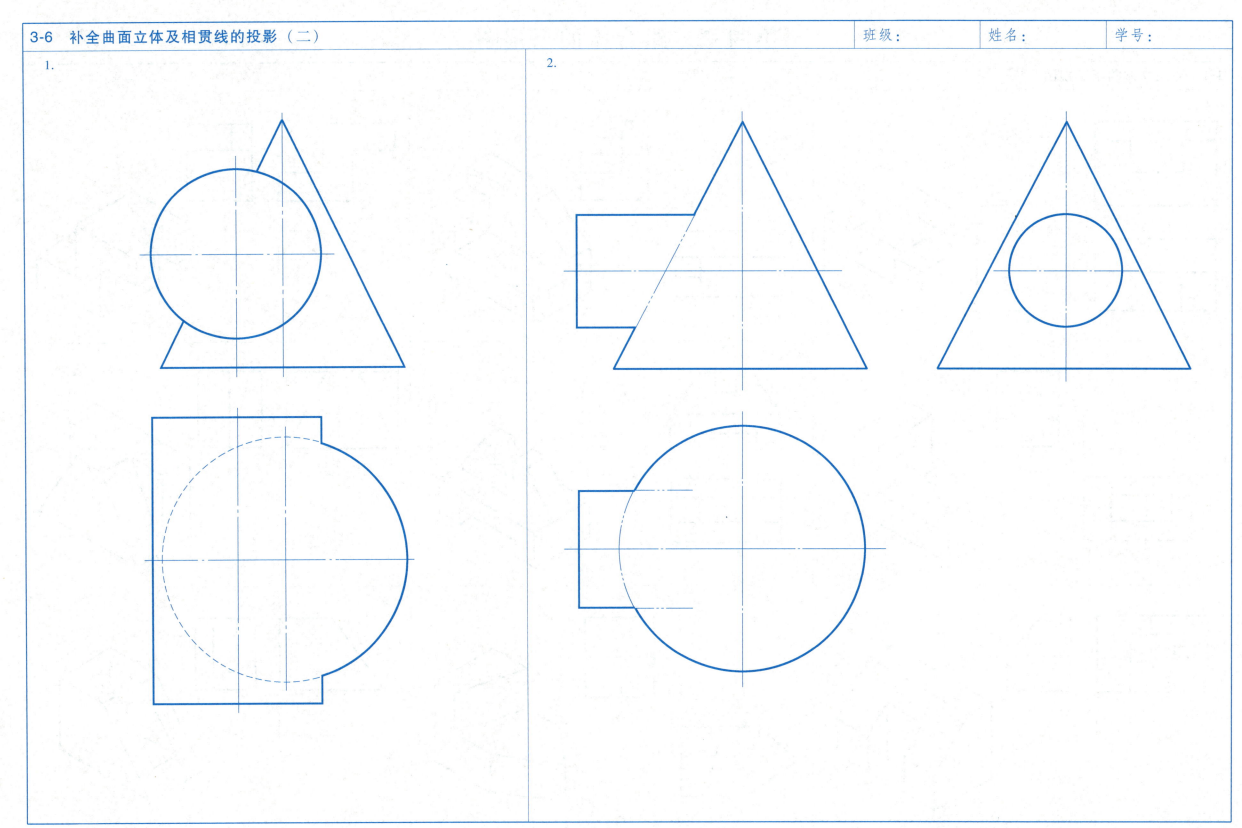

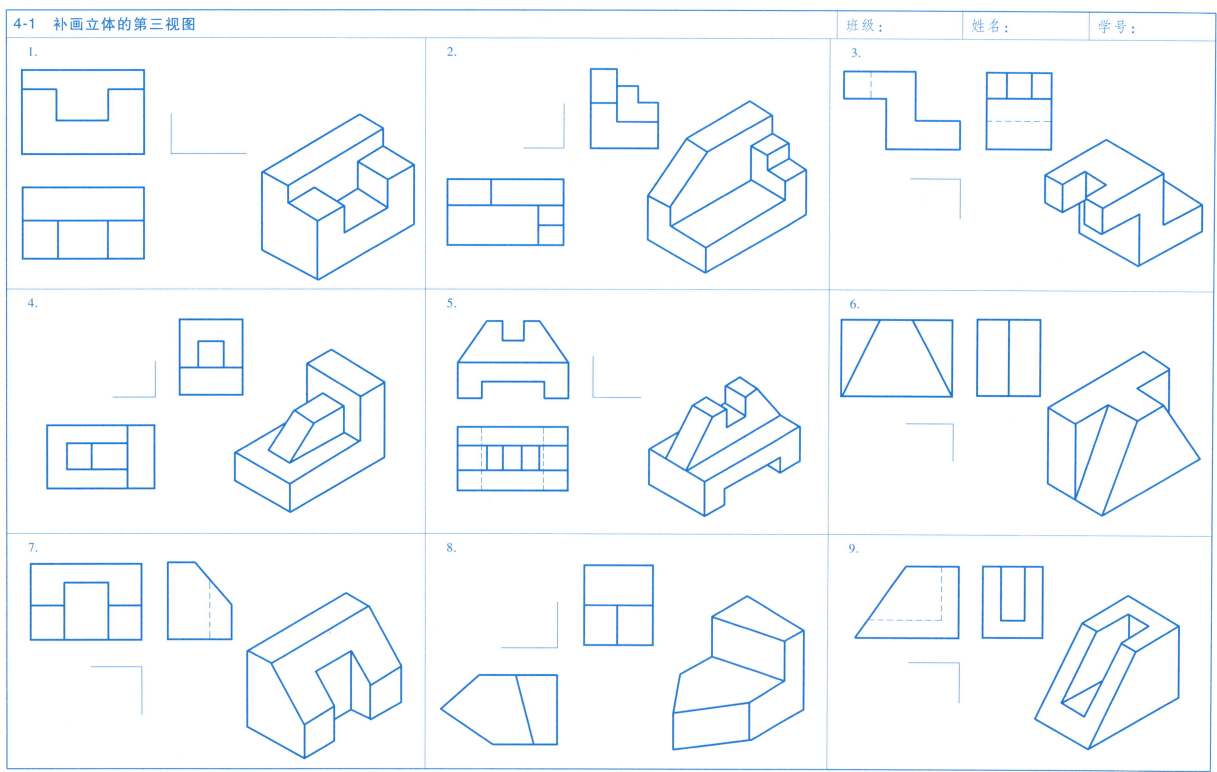

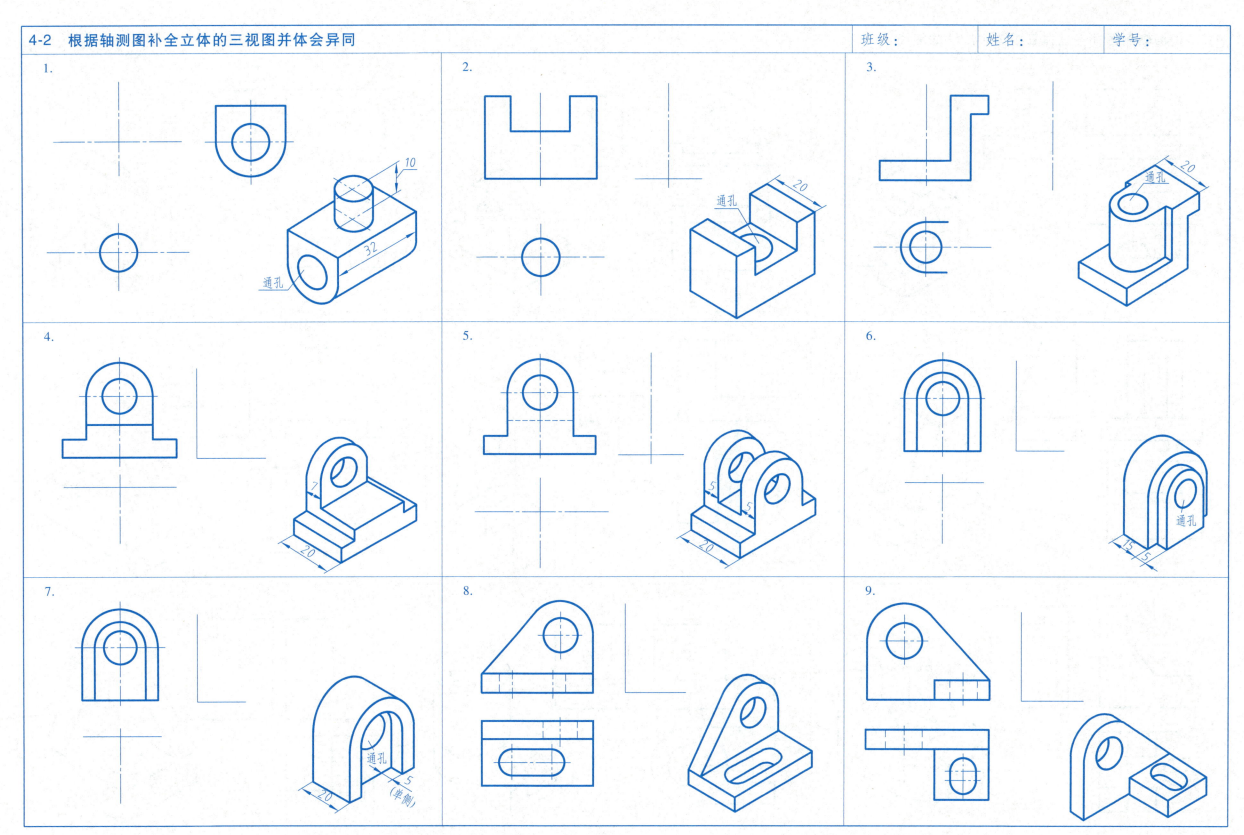

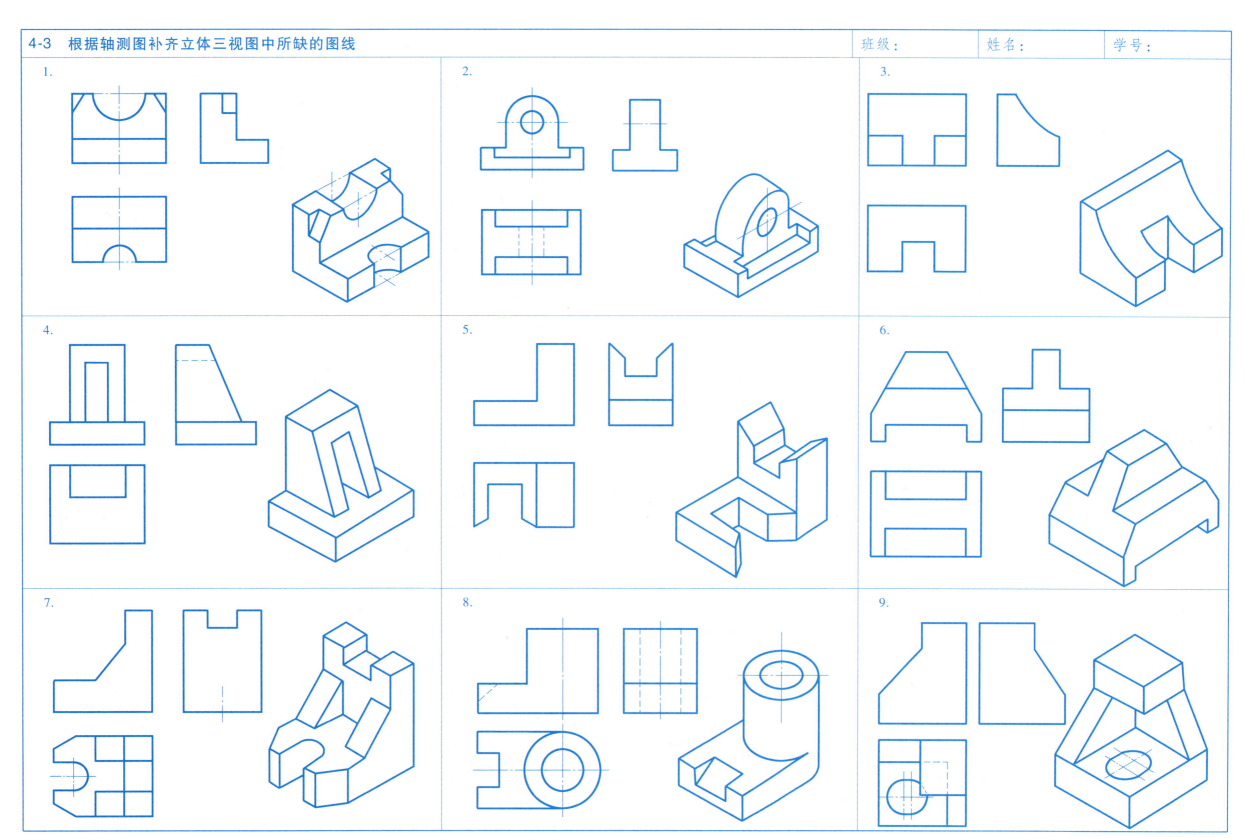

4-4 根据轴测图给出的尺寸，按1∶1的比例画出组合体的三视图　　　　班级：　　姓名：　　学号：

1.

2.

3.

4.

4-5　补全组合体视图中所缺的图线

班级：　　姓名：　　学号：

1. 补全主视图中所缺的图线。

(1)

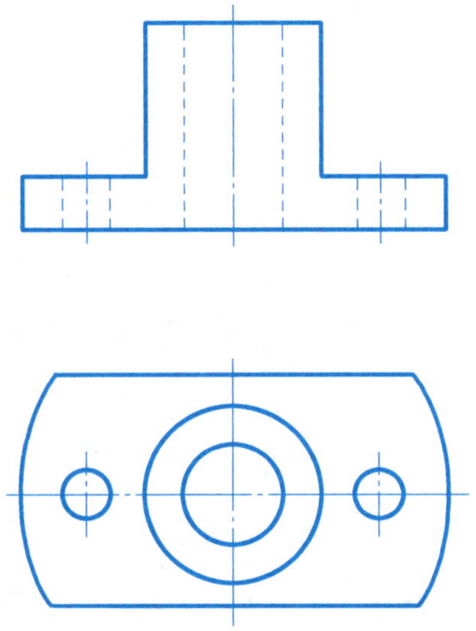

(2)

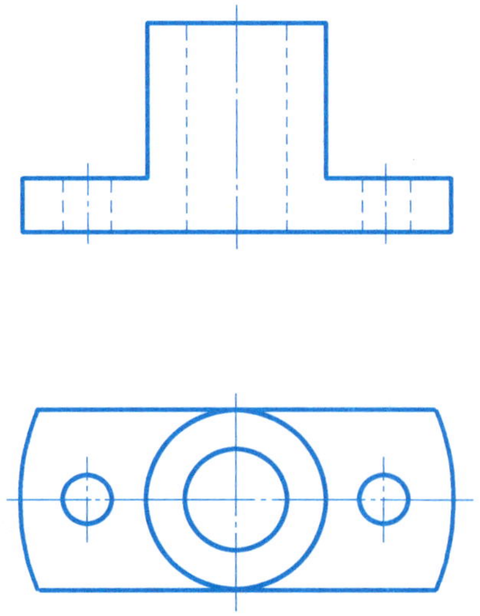

(3)

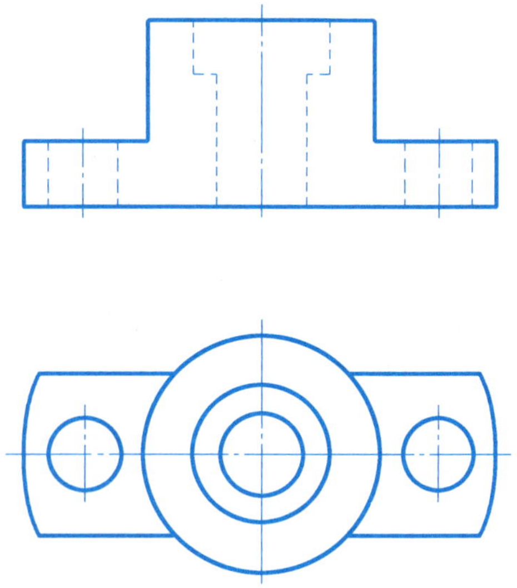

(4)

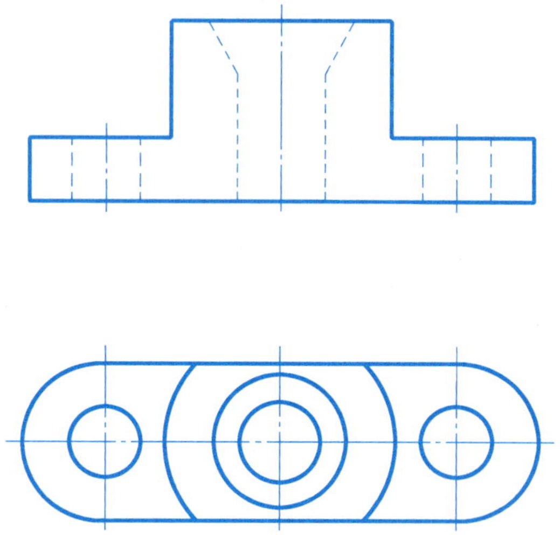

2. 补全左视图中所缺的图线。

(1)

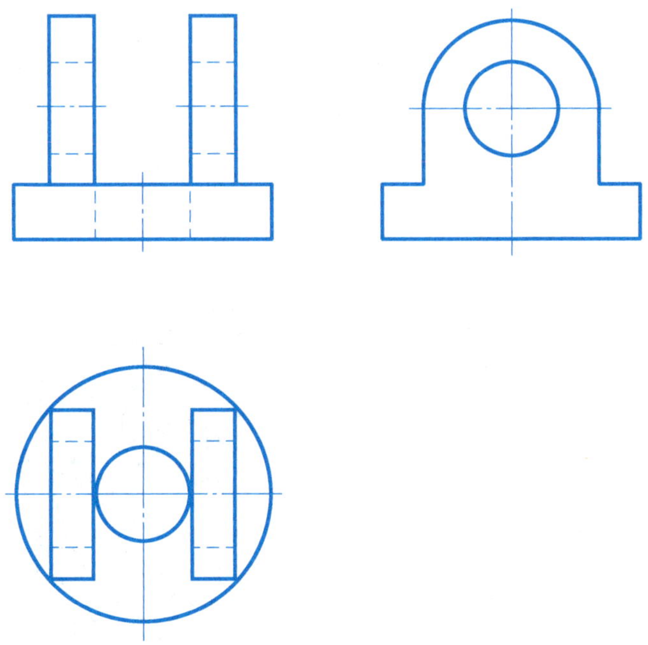

(2)

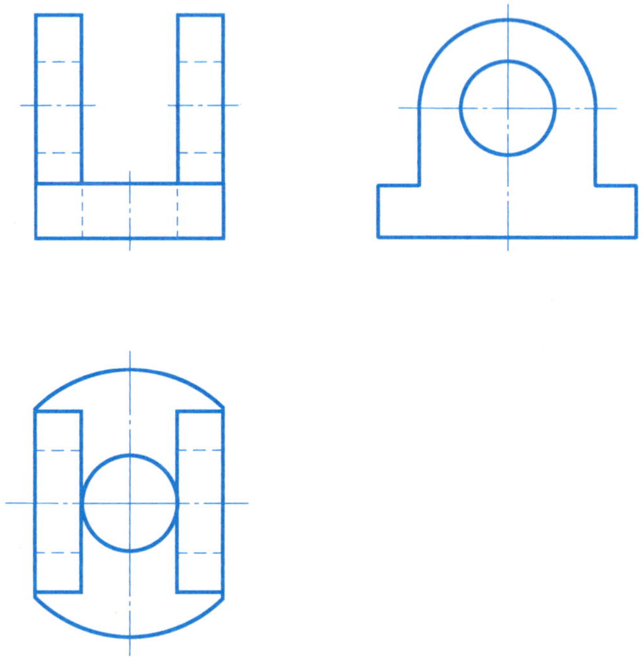

(3)

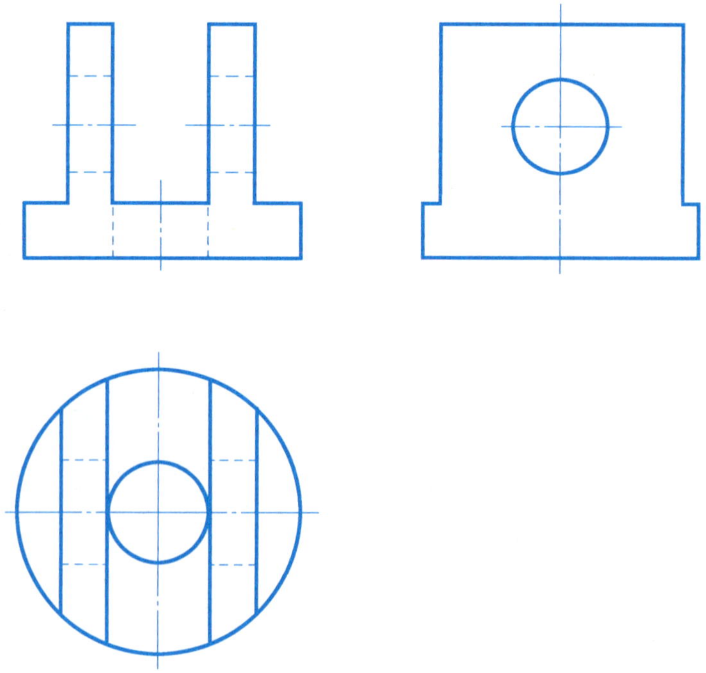

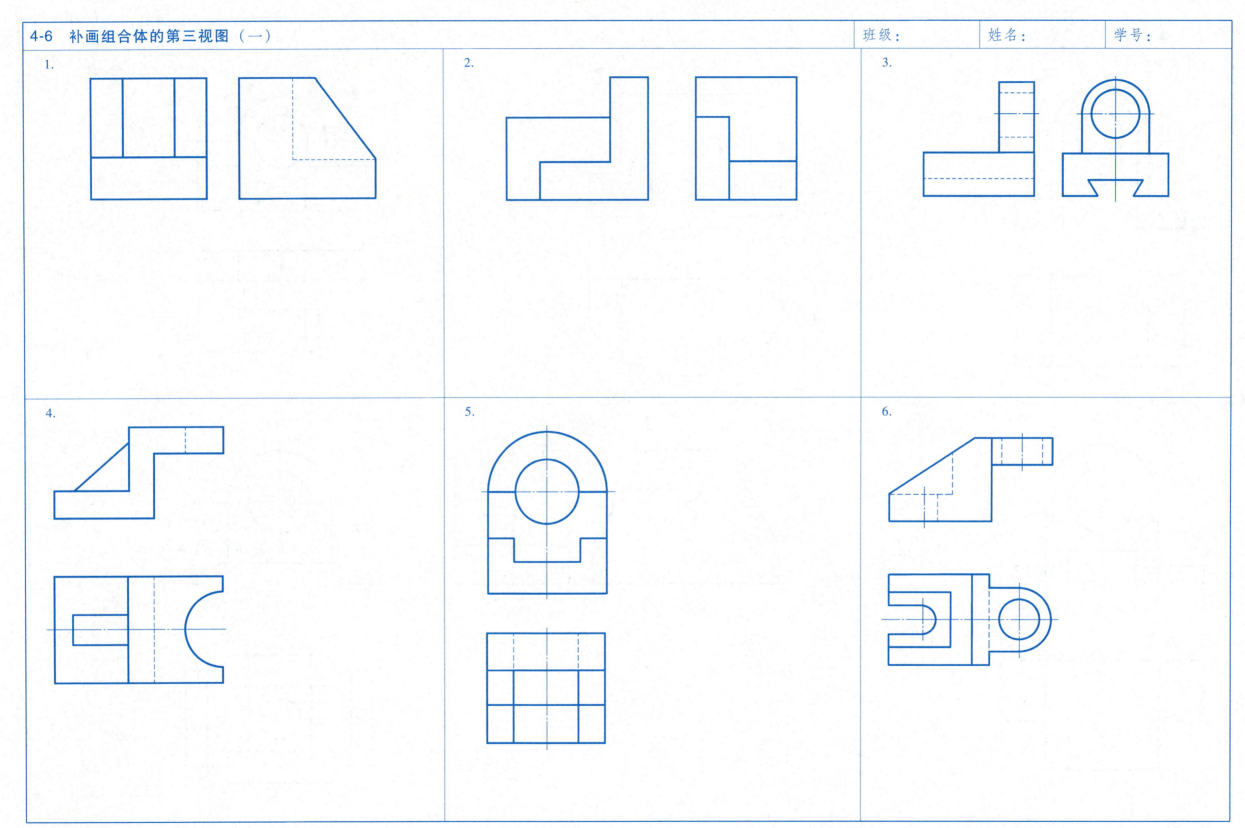

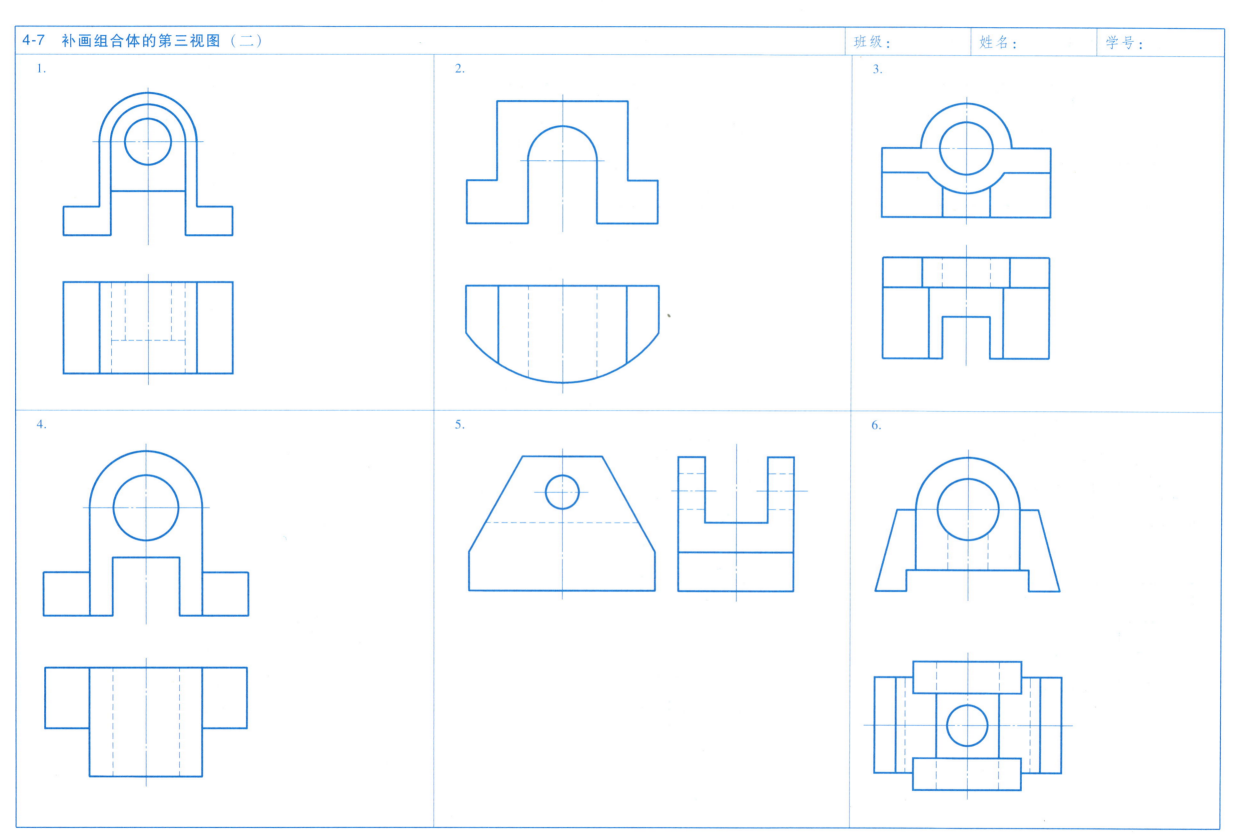

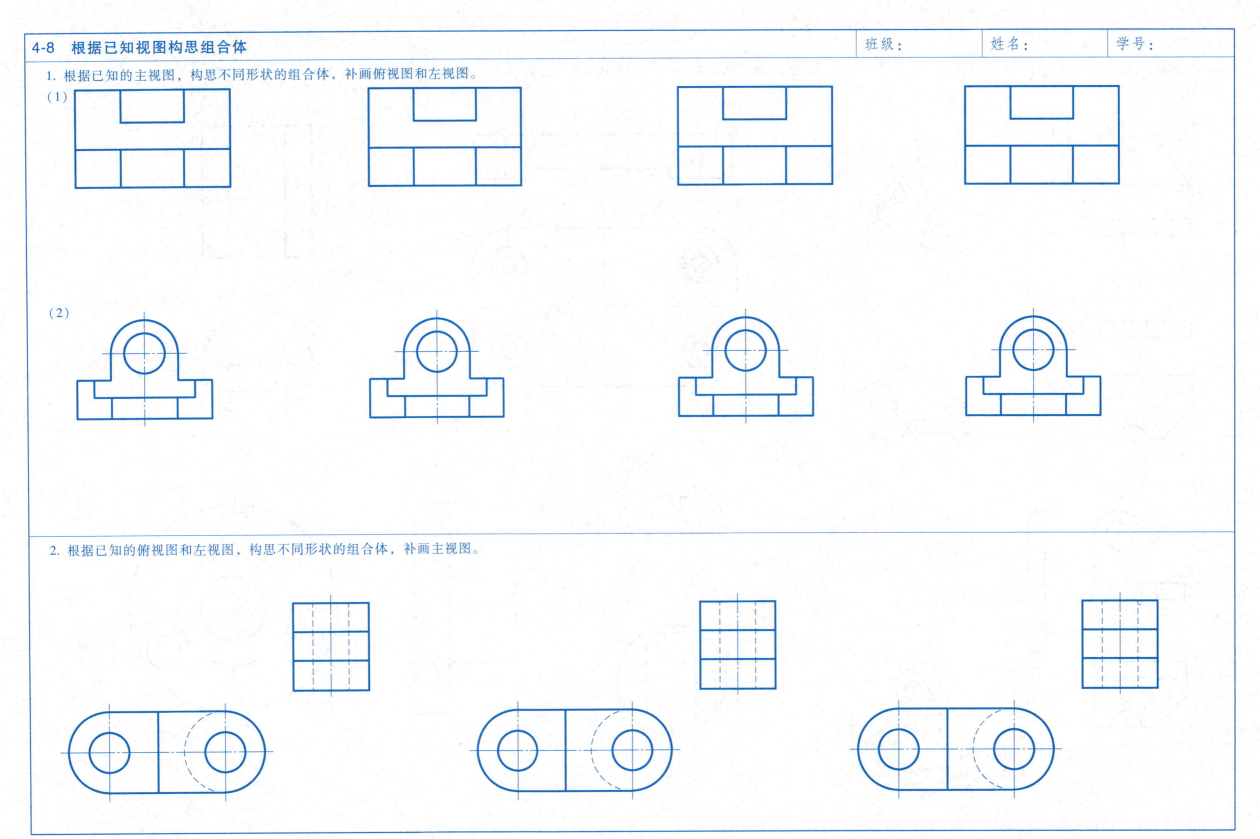

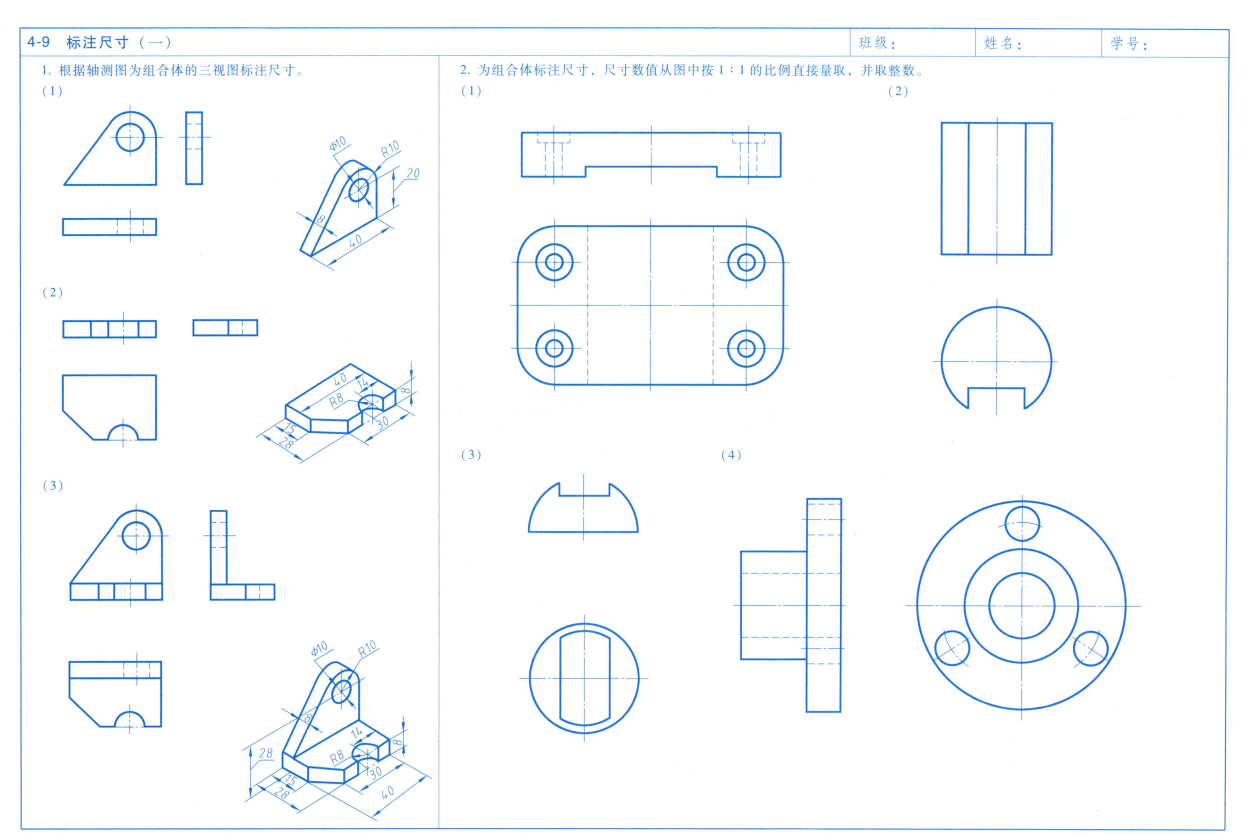

4-10 标注尺寸（二）   班级：　　　姓名：　　　学号：

1. 分析组合体，补全缺注的尺寸。

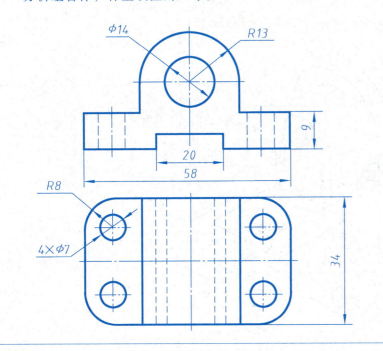

2. 分析组合体，补全缺注的尺寸。

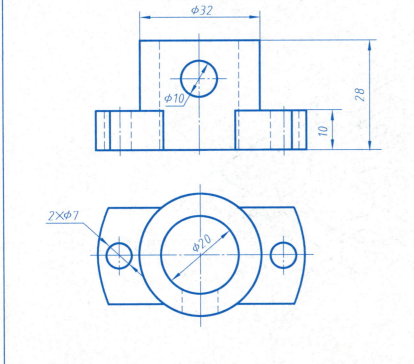

3. 读懂支架三视图，进行尺寸分析，并填空。

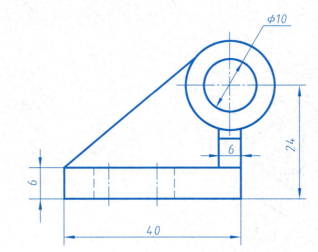
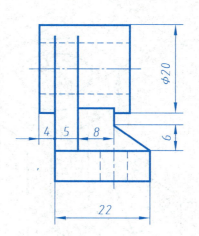
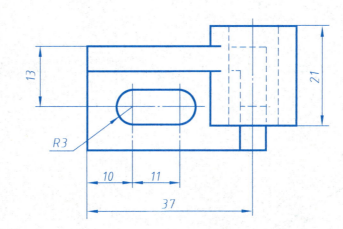

(1) 圆筒的定形尺寸是_____、_____和_____。
(2) 底板的定形尺寸是_____、_____和_____。
(3) 底板的底面是_____方向的尺寸基准。
(4) 底板的左端面是_____方向的尺寸基准。
(5) 后支板与底板的后面是共面的，这个面是_____方向的尺寸基准。
(6) 圆筒高度方向的定位尺寸是_____，宽度方向的定位尺寸是_____，长度方向的定位尺寸是_____。
(7) 底板上长腰圆形孔的定形尺寸是_____和_____，定位尺寸是_____和_____。

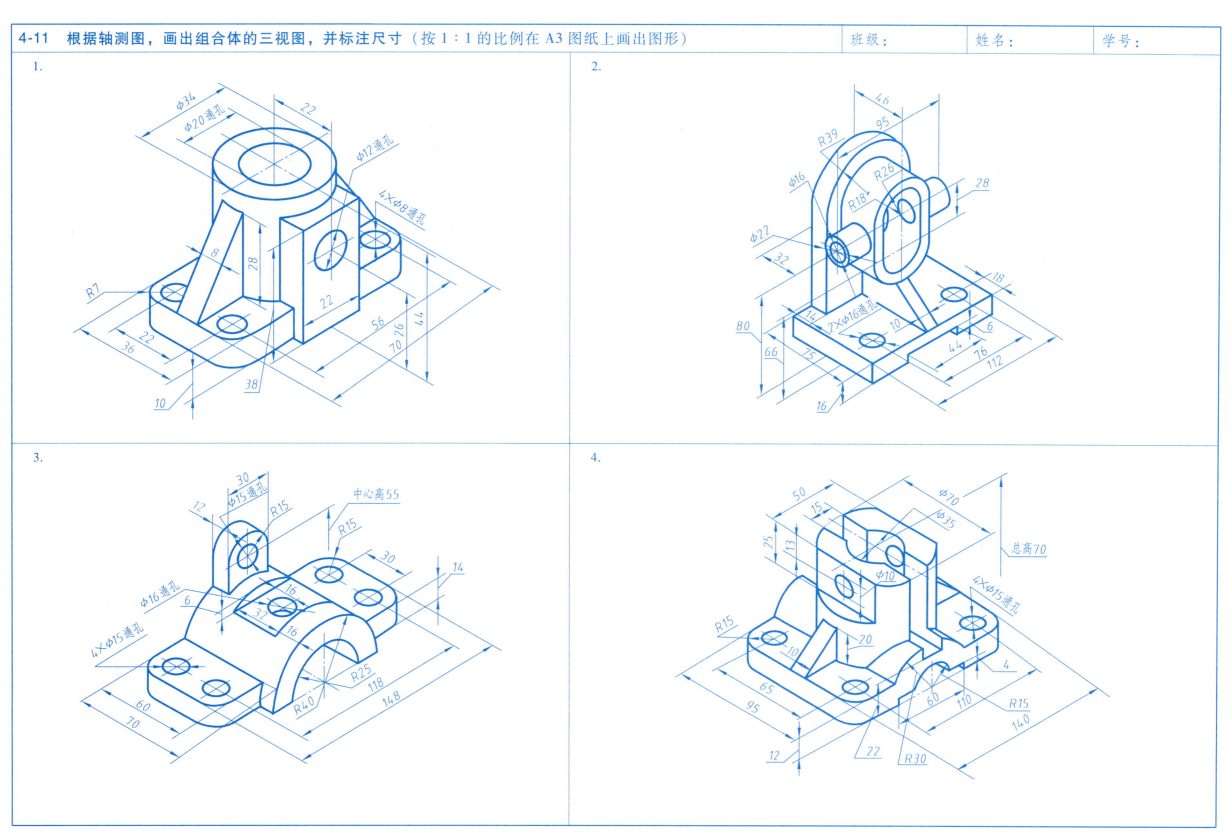

第五章 轴测投影图

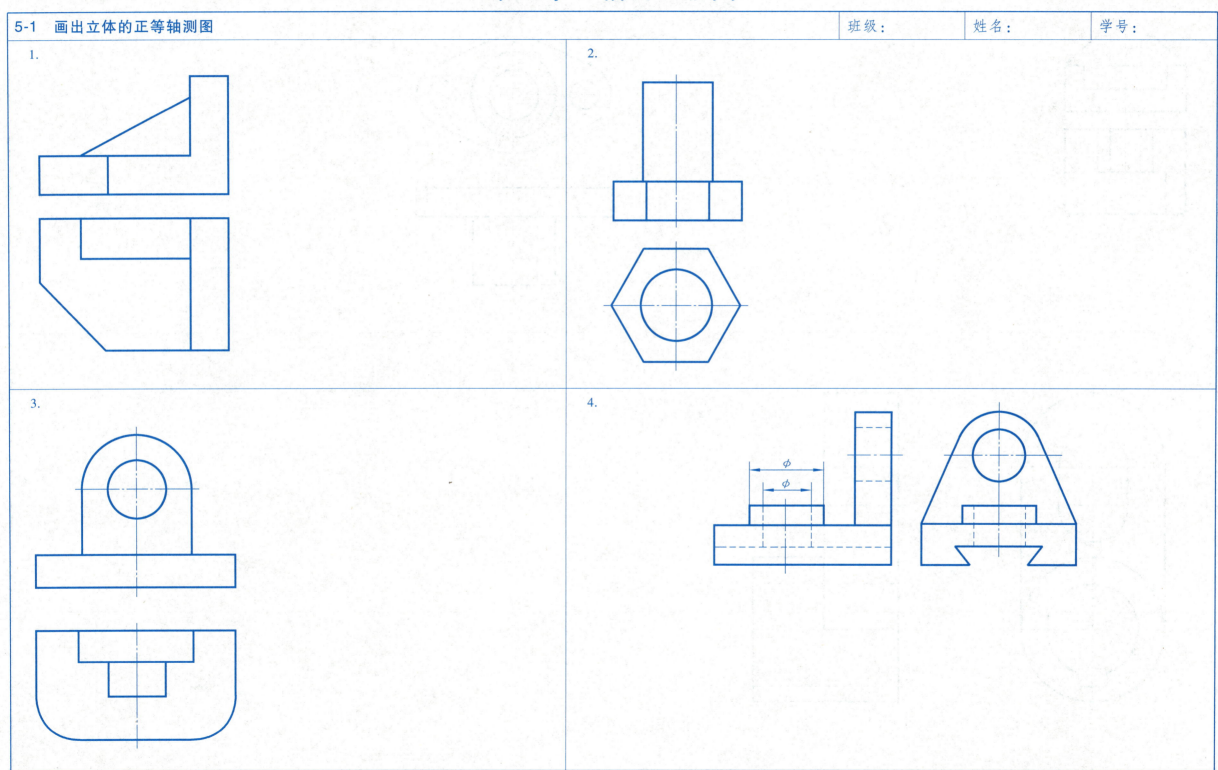

5-2 画出立体的斜二等轴测图　　班级：　　姓名：　　学号：

1.

2.

3.

第六章 机件的常用表达方法

6-1 基本视图、斜视图和局部视图 　　班级：　　姓名：　　学号：

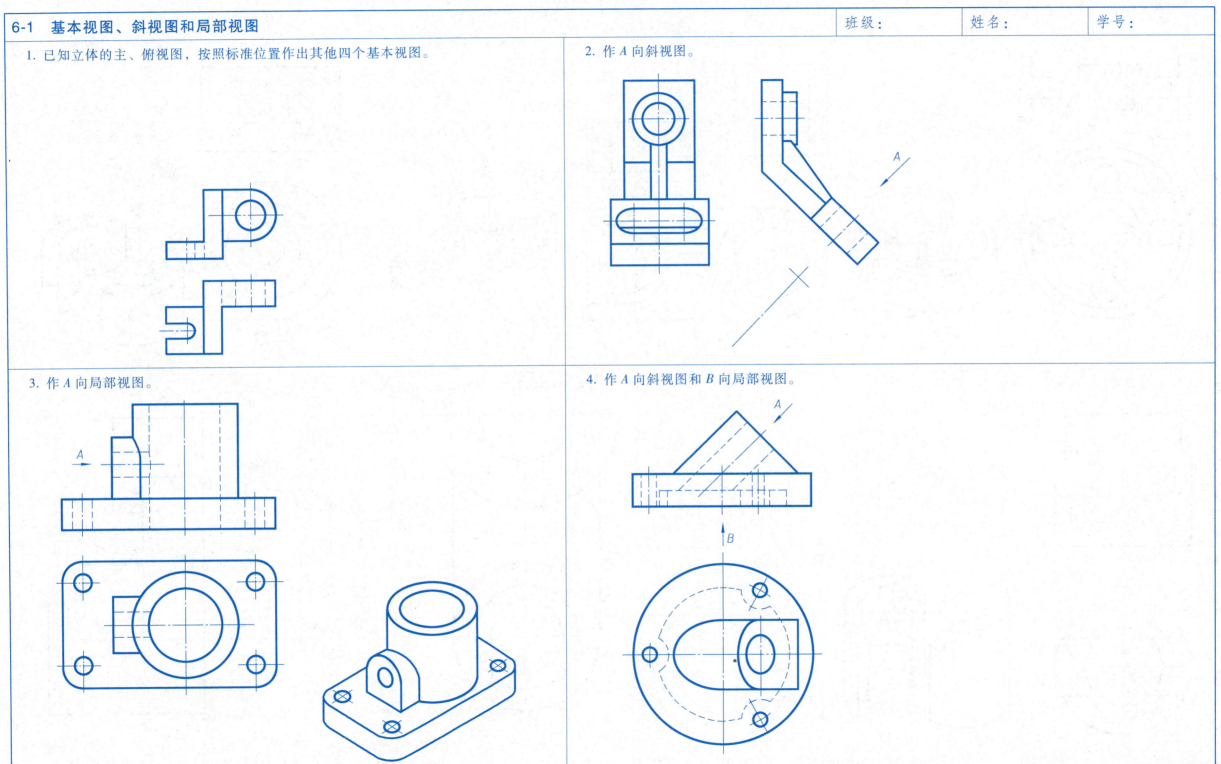

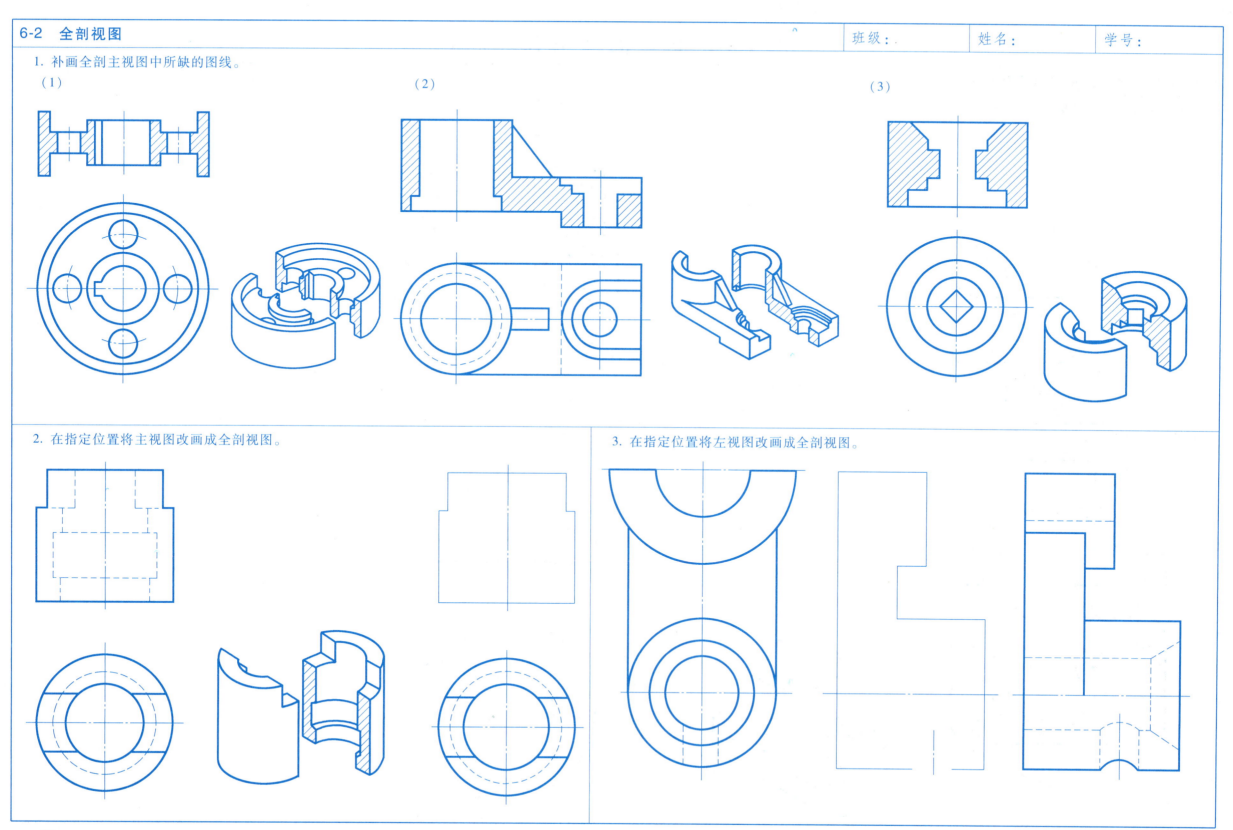

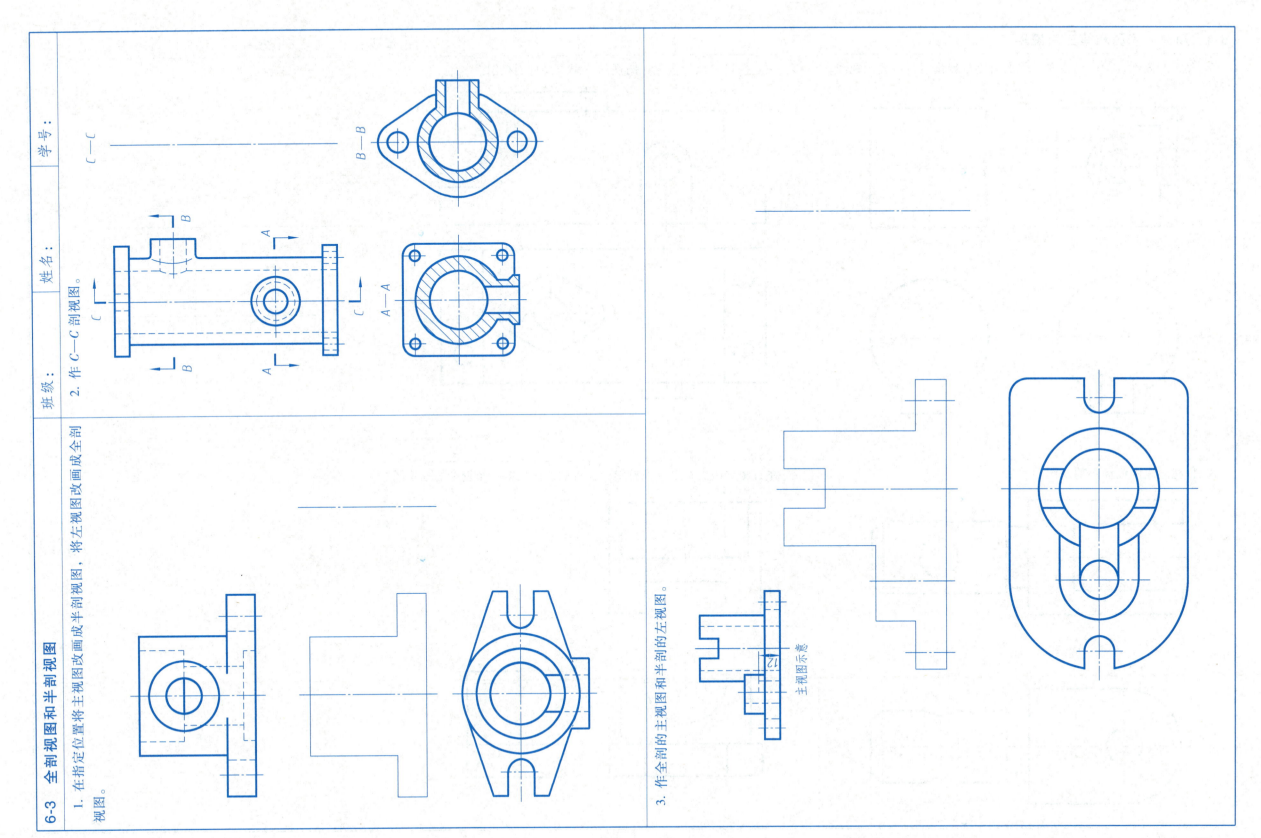

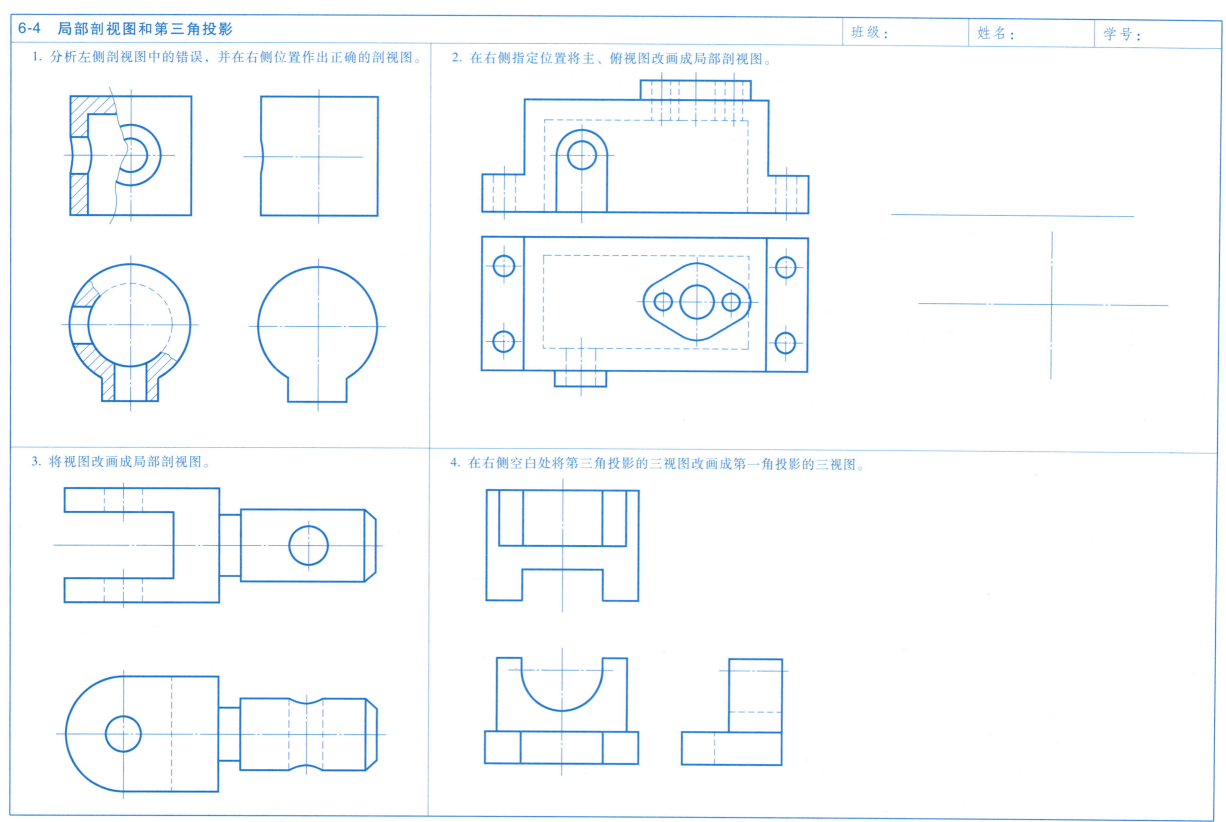

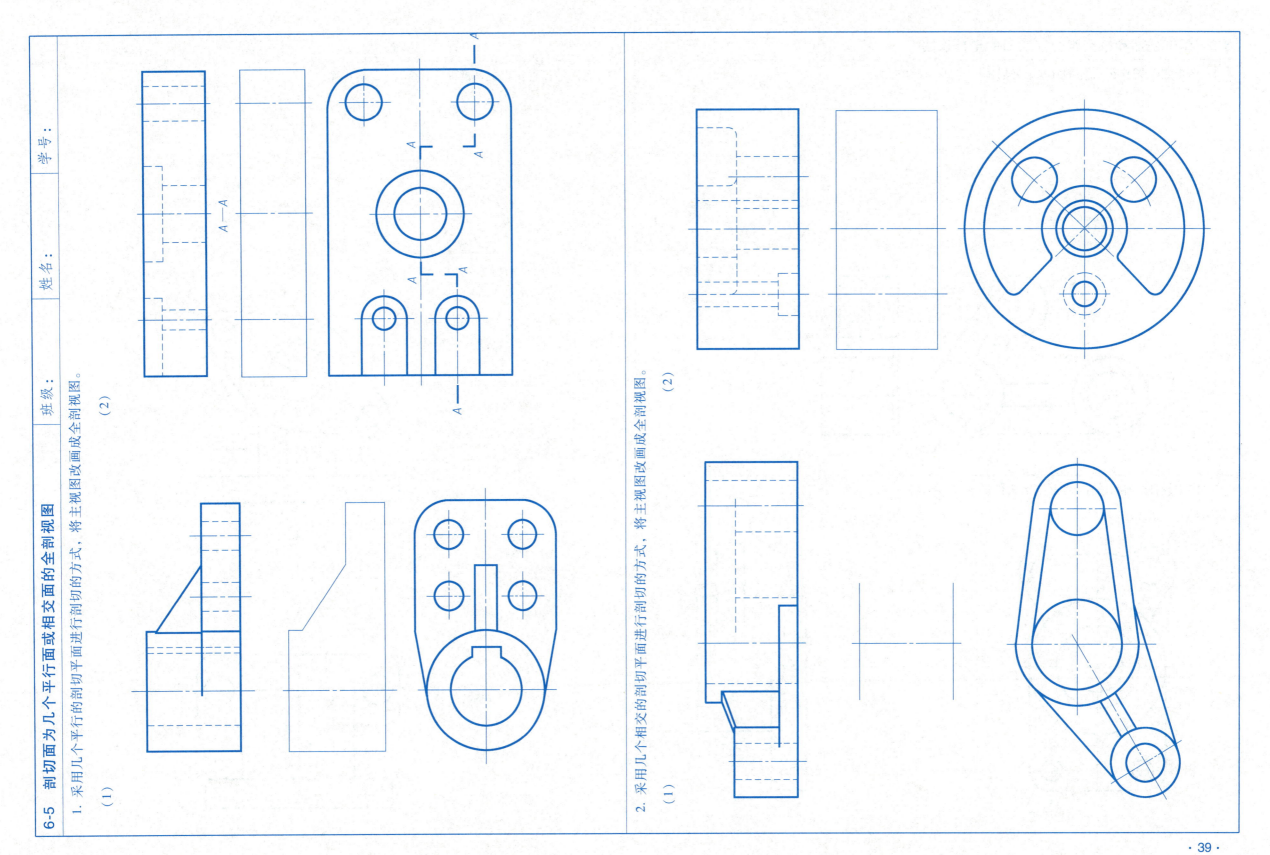

6-6 斜剖视图和采用组合剖切面的全剖视图

1. 在指定位置作出机件的 A—A 全剖视图与 B—B 剖视图。

3. 在指定位置作出机件的 A—A 和 B—B 剖视图。

2. 按主视图中给出的剖切面作出机件的 A—A 剖视图。

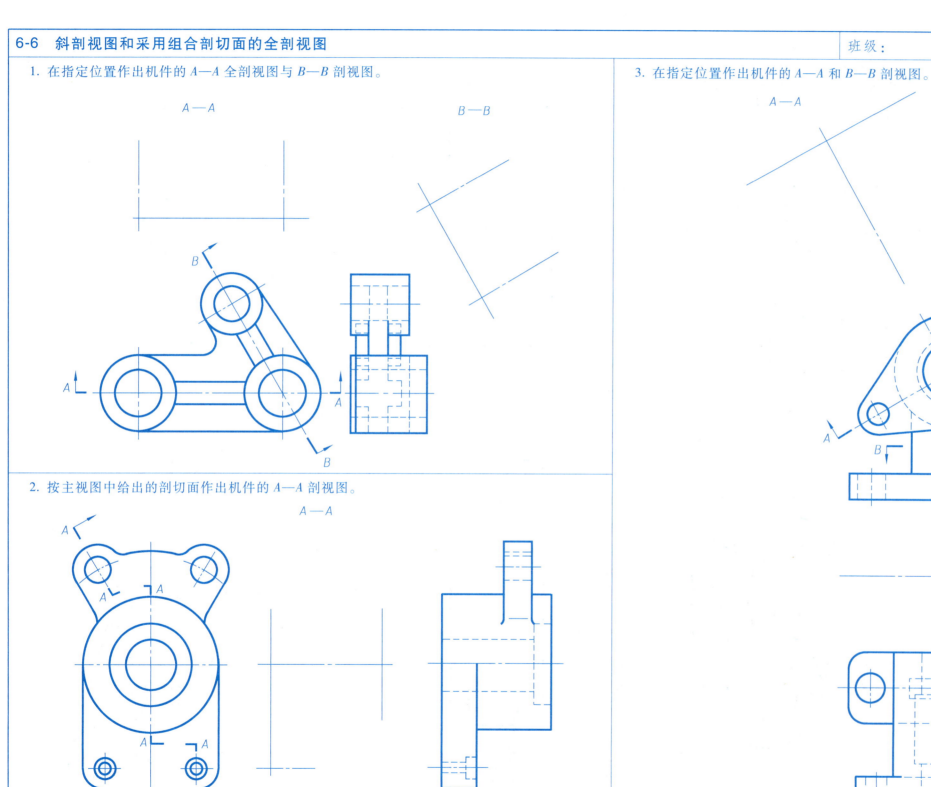
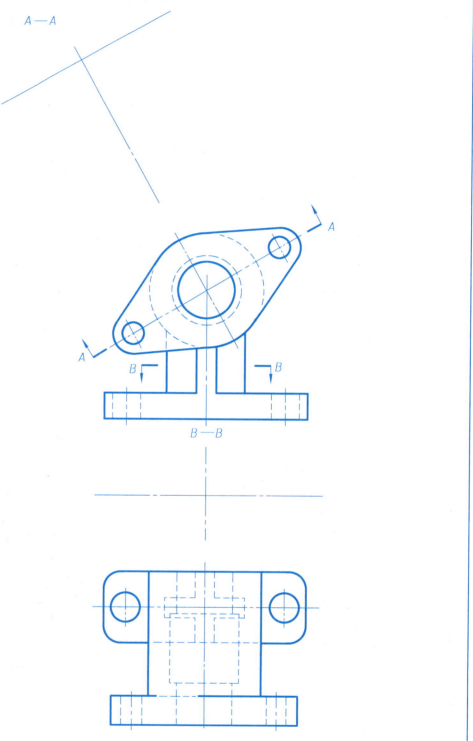

| 6-7 剖视图和断面图 | 班级: | 姓名: | 学号: |

1. 综合使用平行或相交的剖切面，在中间的指定位置将主视图改画成全剖视图。

2. 分析断面图中的错误，并在空白处作出正确的断面图。

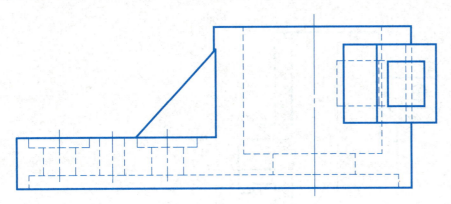

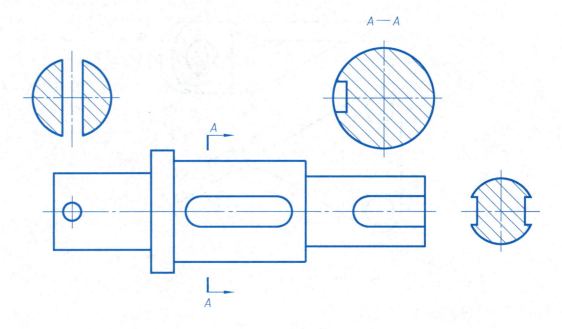

3. 作出图中指定位置的断面图（右侧键槽深 3.5mm）。

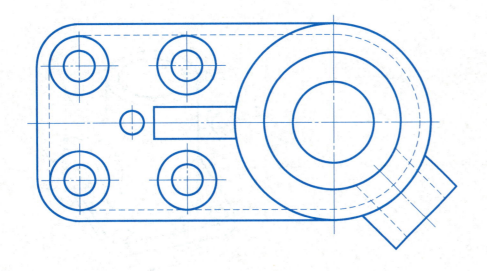

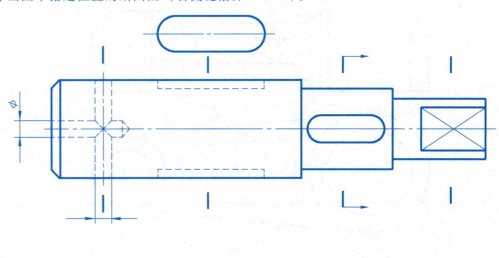

6-8 剖视图和综合练习

班级：　　　姓名：　　　学号：

1. 作出图中指定位置的重合断面图和 A 向视图。

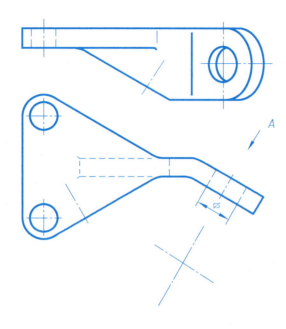

3. 已知机件的轴测图和主视图，选择合适的表达方案，与主视图配合将立体表达完整。

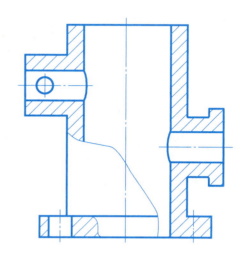

2. 在剖切平面的迹线延长线上作移出断面图。

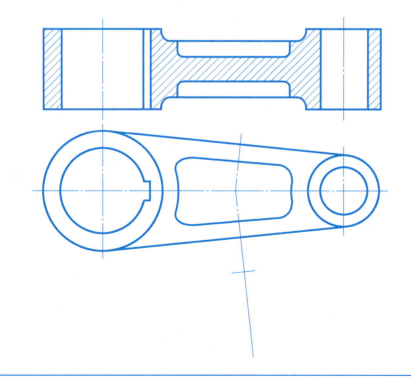

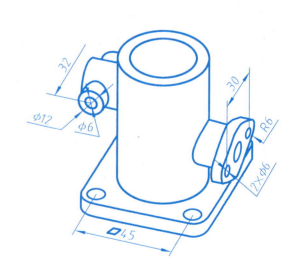

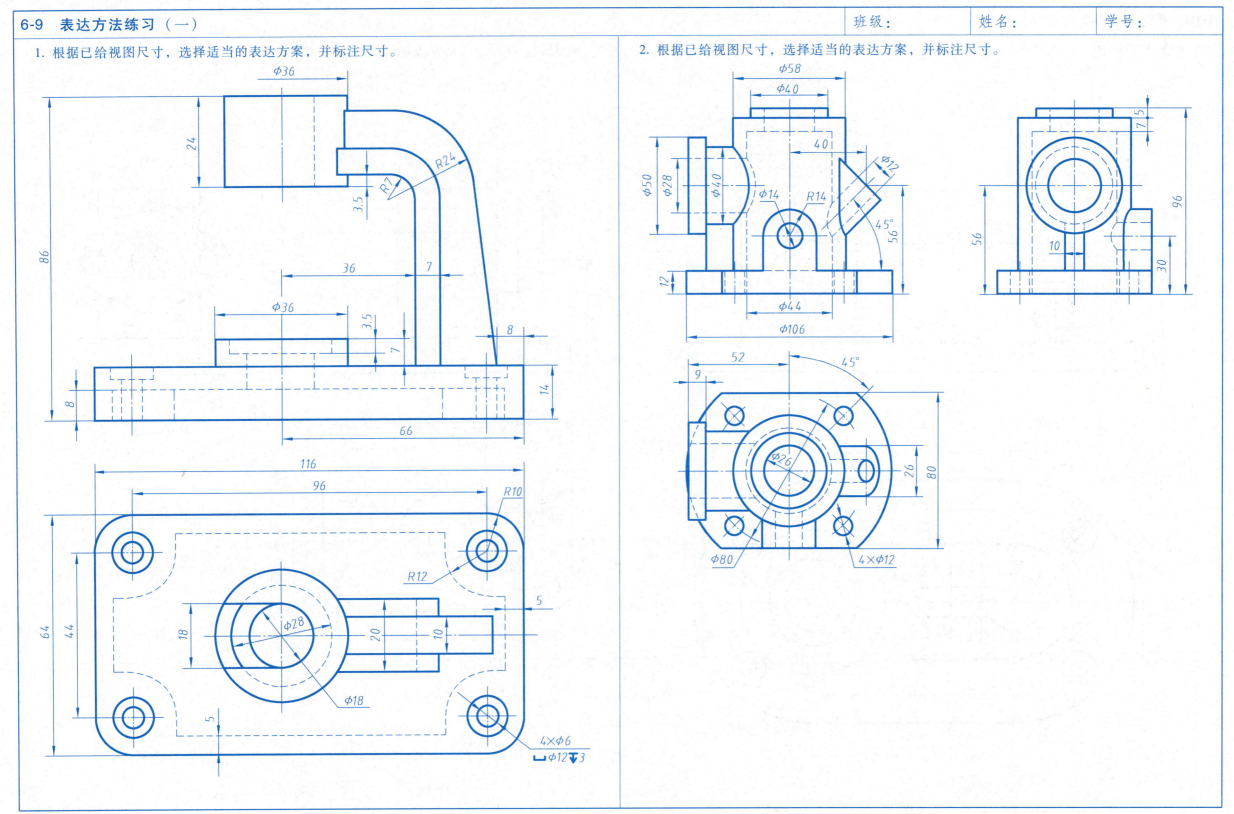

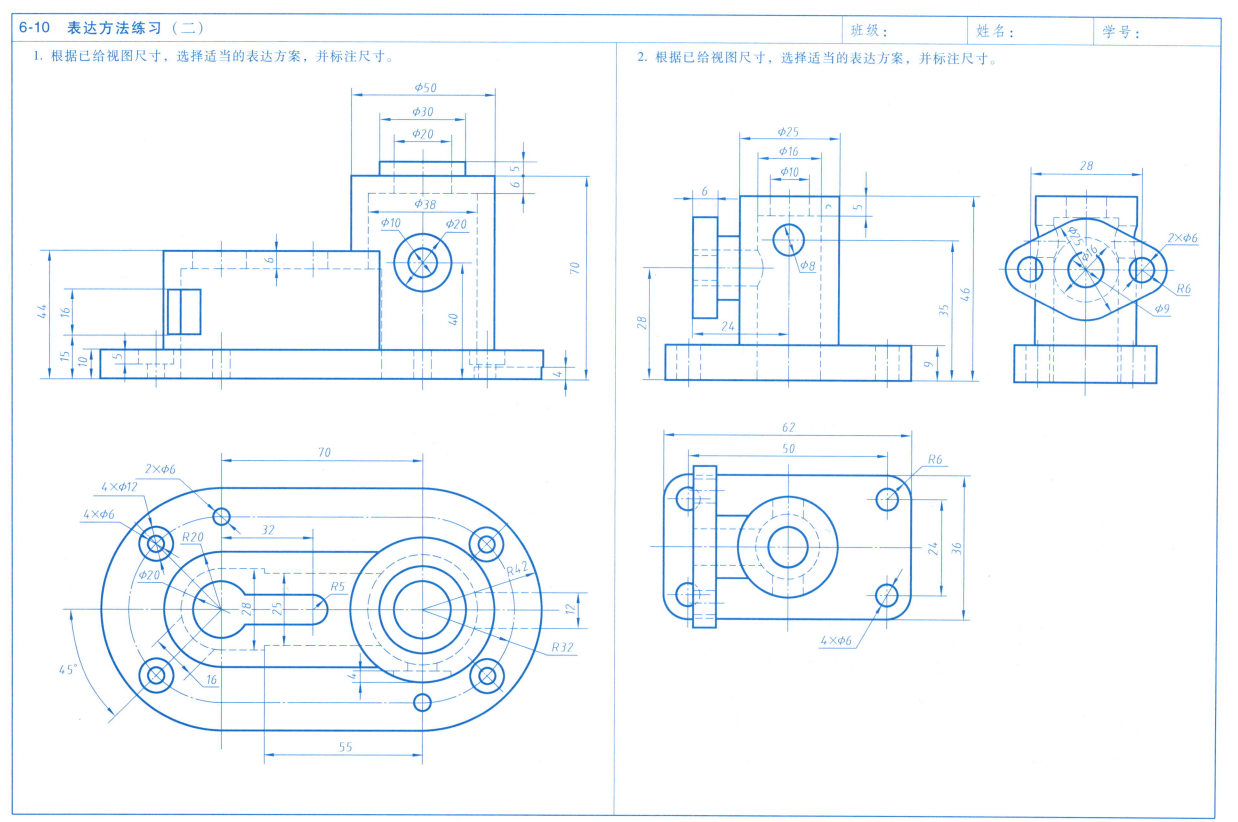

第七章 标准件和常用件

7-1 螺纹及螺纹连接件（一）   班级： 姓名： 学号：

1. 指出下列螺纹画法中存在的错误，并在其下方画出正确的视图。

   （1）   （2）

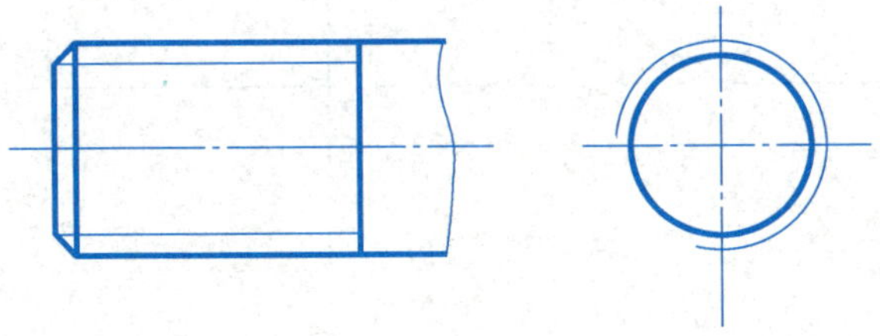

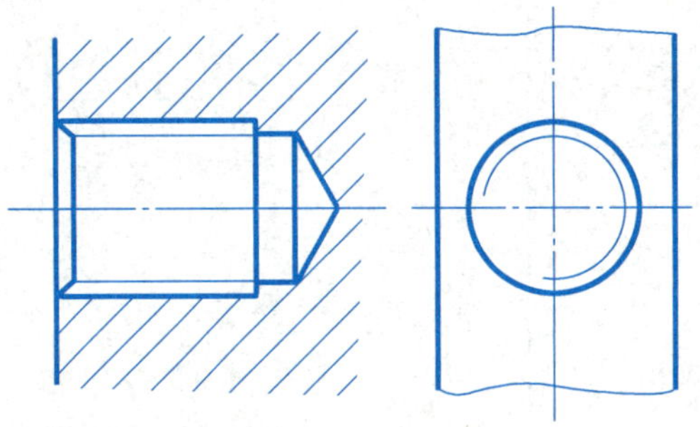

2. 指出内、外螺纹连接图中存在的错误，并在其下方画出正确的视图。

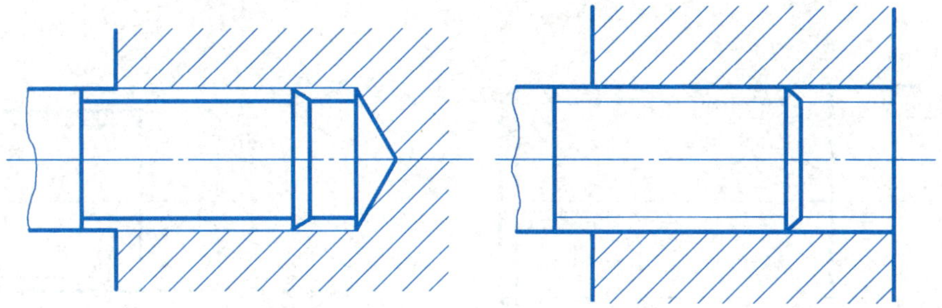

3. 已知管螺纹代号，试识别其意义并填表。

代号	螺纹种类	尺寸代号	内、外、副*	旋向	公差等级
Rc1					
Rp1/2					
$R_1$1/2LH					
G1/2A					
Rc/$R_2$1/2					
Rp/$R_1$1/2					
G2B					
Rc/$R_2$1/2LH					

*此列填写："内螺纹""外螺纹"或"螺纹副"。

4. 已知下列螺纹代号，试识别其意义并填表。

代号	螺纹种类	内、外、副*	公称直径	螺距	旋向	公差带代号	旋合长度
M20-5g6g-S							
M20-5H-S							
M20-6H/5g6g-S							
M20×2-6H-LH							
M20×2-6h-LH							
M20×2-6H/6h-LH							
Tr24×5-7e							
Tr24×5-7H							
Tr24×5-7H/7e							
B40×14(P7)-8A-L							

*此列填写："内螺纹""外螺纹"或"螺纹副"。

7-2 螺纹及螺纹连接件（二）

班级：　　　姓名：　　　学号：

1. 根据给定的螺纹要素，标注螺纹尺寸。

（1）普通螺纹：公称直径为 30mm，螺距为 3.5mm，公差带代号为 6g，单线，右旋，短旋合长度。

（2）普通螺纹：公称直径为 24mm，螺距为 1.5mm，公差带代号为 6g，左旋，中等旋合长度。

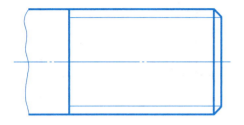 

（3）梯形螺纹：公称直径为 20mm，导程为 8mm，公差带代号为 8H，双线，左旋，长旋合长度。

（4）55°密封管螺纹：圆锥内螺纹，尺寸代号为½，左旋。

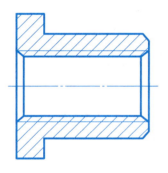 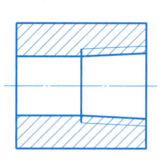

（5）55°非密封管螺纹：圆柱外螺纹，尺寸代号为1，右旋，A级。

（6）55°密封管螺纹：圆柱内螺纹，尺寸代号为½，右旋。

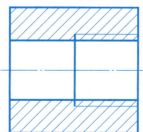 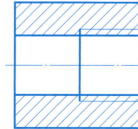

2. 用比例画法作出下列螺纹连接件（比例为 1∶1）。

（1）螺栓　GB/T 5780　M16×65。

（2）螺母　GB/T 6170　M16（轴线水平放置，主视图采用半剖视图）。

3. 画出如下螺纹连接视图中的各断面图。

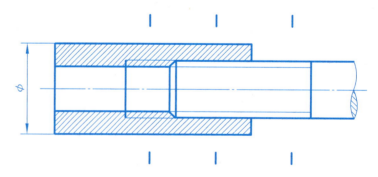

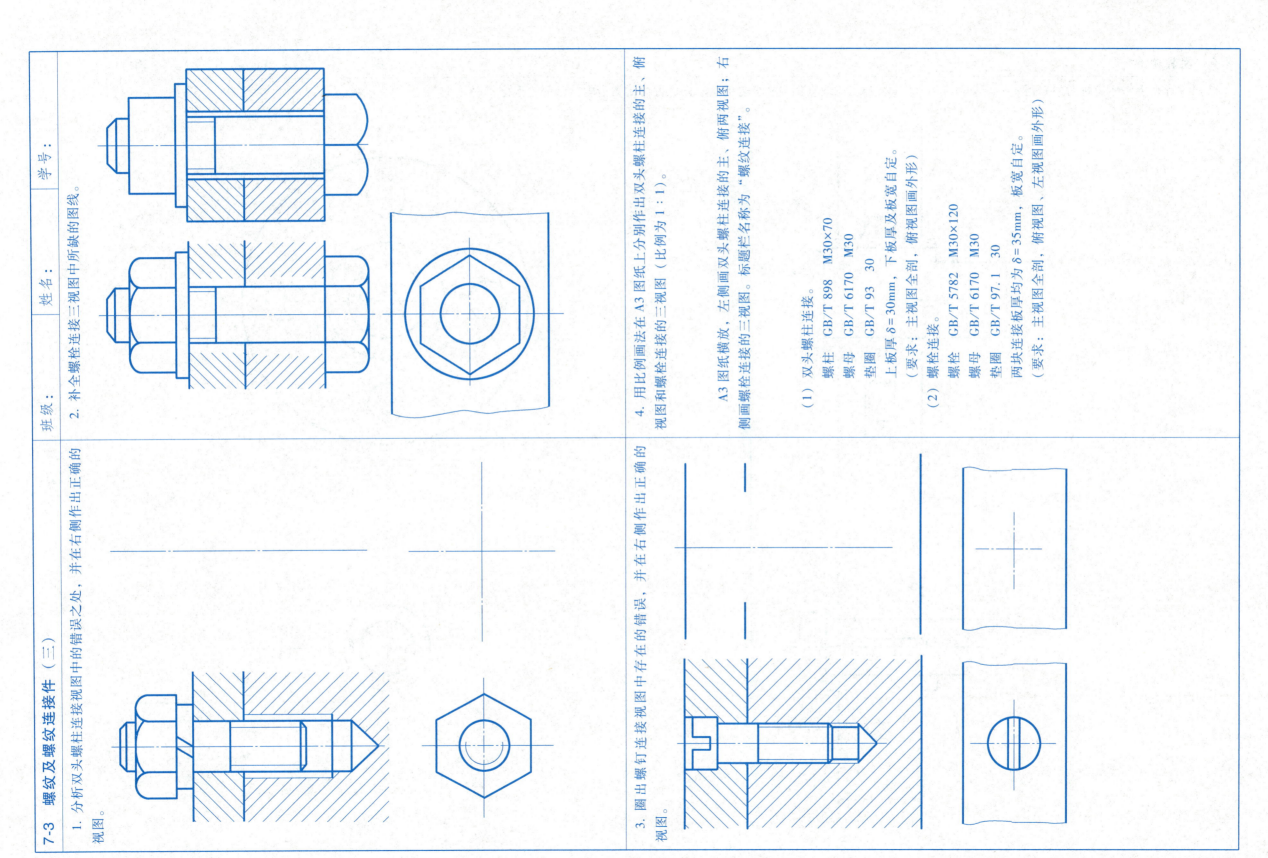

7-4 齿轮啮合

已知一对直齿圆柱齿轮的中心距 $a = 92$mm，$z_1 = 18$，$z_2 = 28$。完成直齿圆柱齿轮的啮合图，并画出大齿轮与轴的键连接。

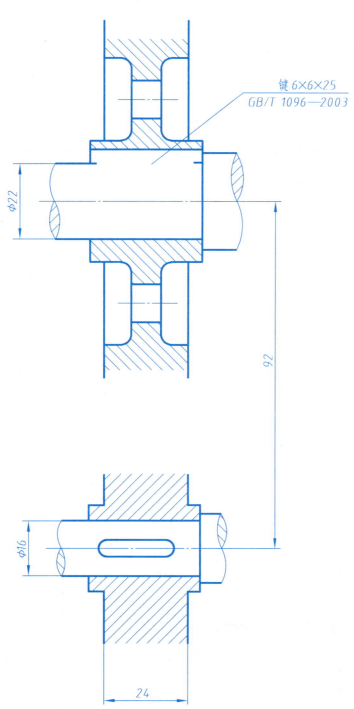
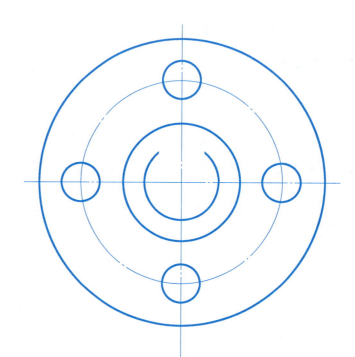
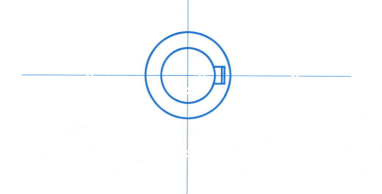

7-5　键、销、轴承和弹簧　　　班级：　　姓名：　　学号：

1. 已知矩形花键标记为 ⌒ 8×46 H7/f7×50 H8/a11×9 H7/f7　GB/T 1144—2001，试按 1∶2 的比例完成花键连接图。

2. 已知齿轮和轴用 GB/T 119.1　6×40 的圆柱销连接，试按 1∶1 的比例完成圆柱销连接的剖视图。

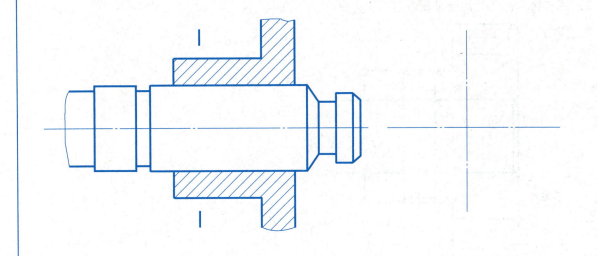

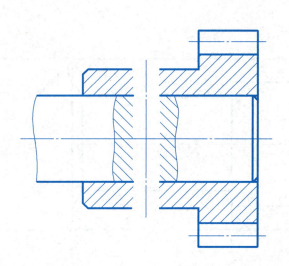

3. 已知弹簧丝直径 $d=6$ mm，弹簧外径 $D_2=51$ mm，节距 $t=12$ mm，有效圈数 $n=6.5$，支承圈数 $n_2=2.5$，右旋，按 1∶1 的比例画出弹簧全剖视图。

4. 按规定画法将下列滚动轴承在轴线下方画出。

（1）滚动轴承　6204　GB/T 276—2013　　　（2）滚动轴承　30205　GB/T 297—2015

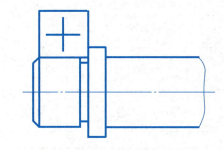
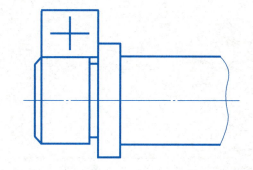

第八章 零件工作图

8-1 表面粗糙度、尺寸公差与配合

班级：　　　　　姓名：　　　　　学号：

1. 根据表中给定的表面粗糙度 Ra 值，在视图中标注相应的表面粗糙度代号。

2. 根据装配图的配合尺寸，在下方的零件图中标出公称尺寸和上、下极限偏差数值，并填空。
（1）齿轮与轴的配合采用基＿＿＿＿＿制，孔与轴是＿＿＿＿＿配合。
（2）圆柱销与销孔的配合采用基＿＿＿＿＿制，销与孔是＿＿＿＿＿配合。

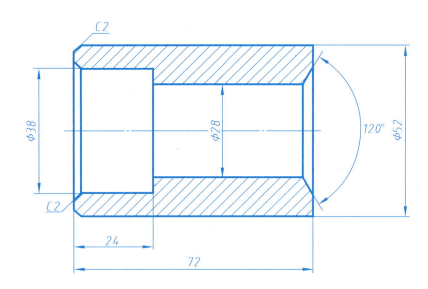

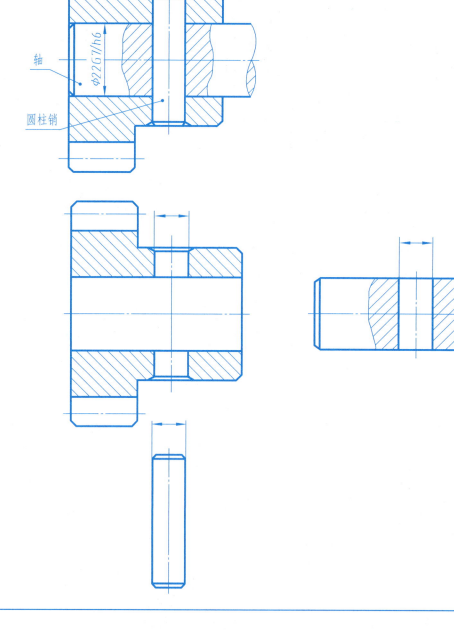

表面	Ra/μm
120°锥面	6.3
φ38mm 圆柱面	3.2
φ52mm 圆柱面	1.6
φ28mm 圆柱面	0.8
左端面	3.2
右端面	6.3
其余	12.5

8-2 读轴零件图

读轴零件图，回答问题。在指定位置作出轴右端键槽和螺纹孔部分的移出断面图（已知键槽配用圆头普通平键，$b=5$mm，$t=3$mm），并注出尺寸 b 和 $d-t$。

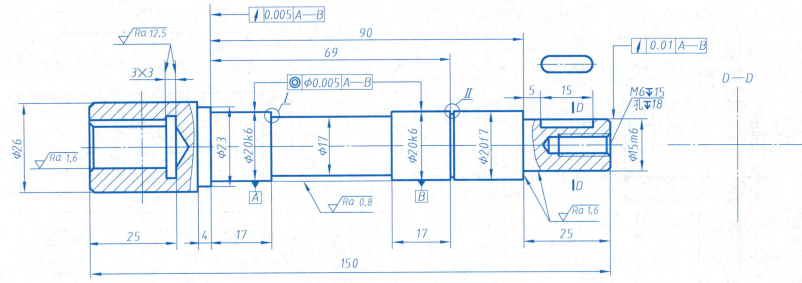

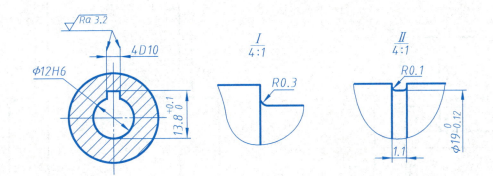

问题

（1）零件图采用了哪些表达方法？

（2）说明右端螺孔 M6 的作用，以及孔深的尺寸。

（3）分析尺寸。

1) 找出主要的尺寸基准。

2) 哪些尺寸是根据基准标注的？各举两例说明。

3) $\phi 20k6$、$\phi 15m6$ 和 $\phi 12H6$ 的基本偏差是多少？

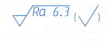

技术要求

1. 倒角均为C1. 表面粗糙度Ra值为12.5μm。

2. 调质220～225HBW。

	轴	比例	1:1
		材料	45
制图			
审核		（校名）	

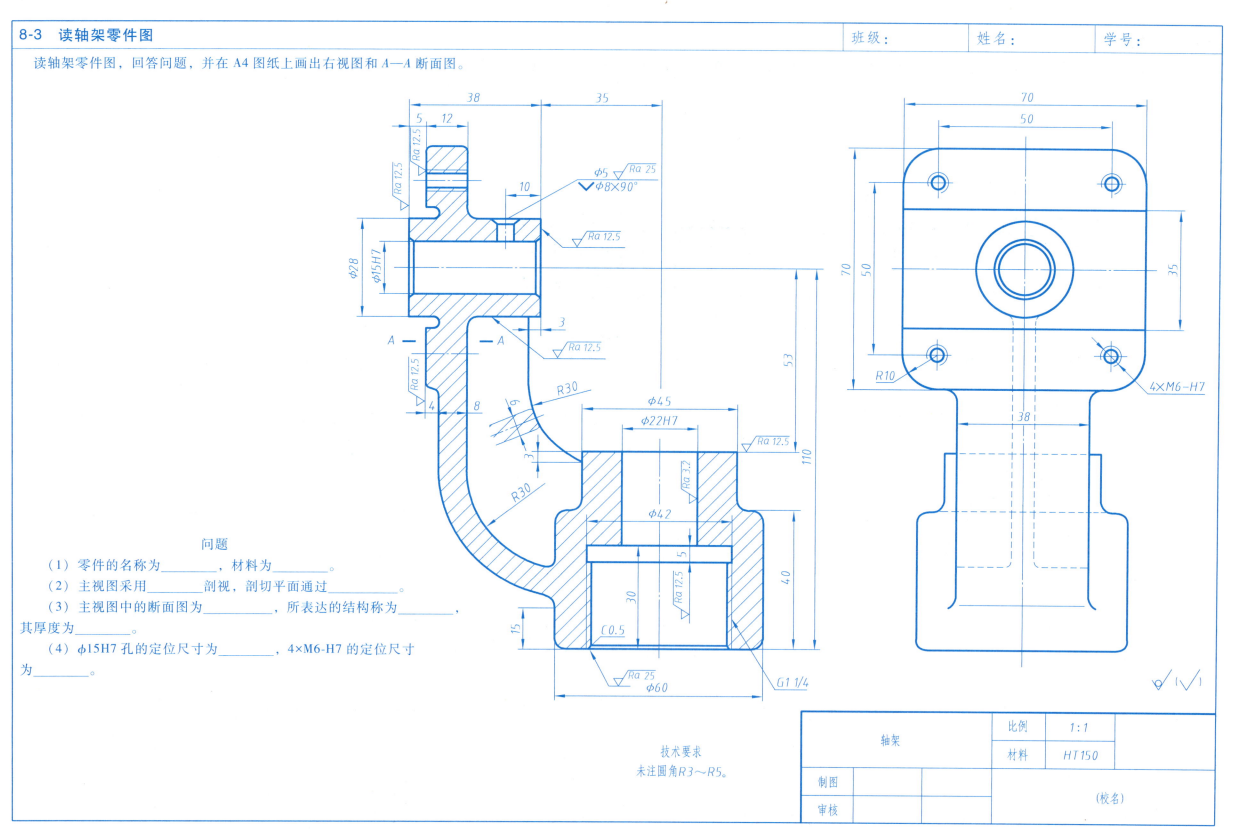

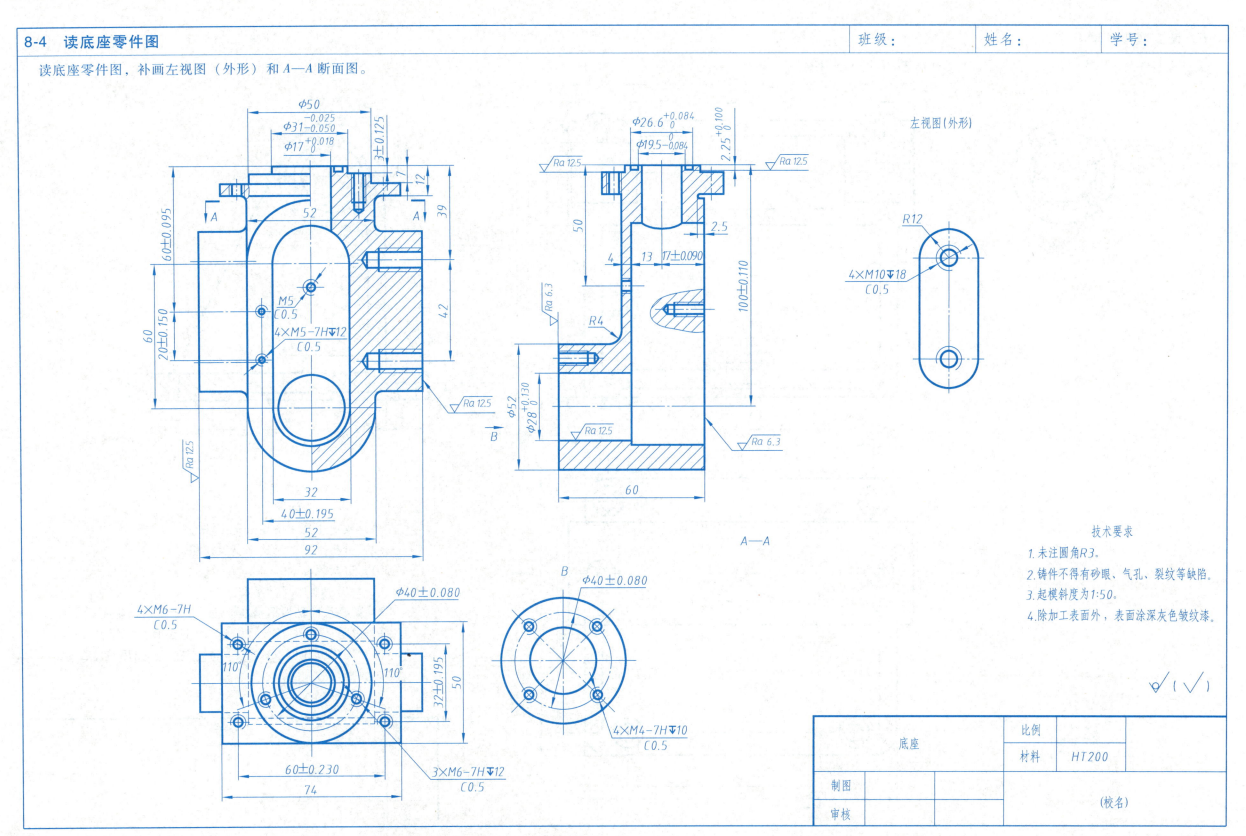

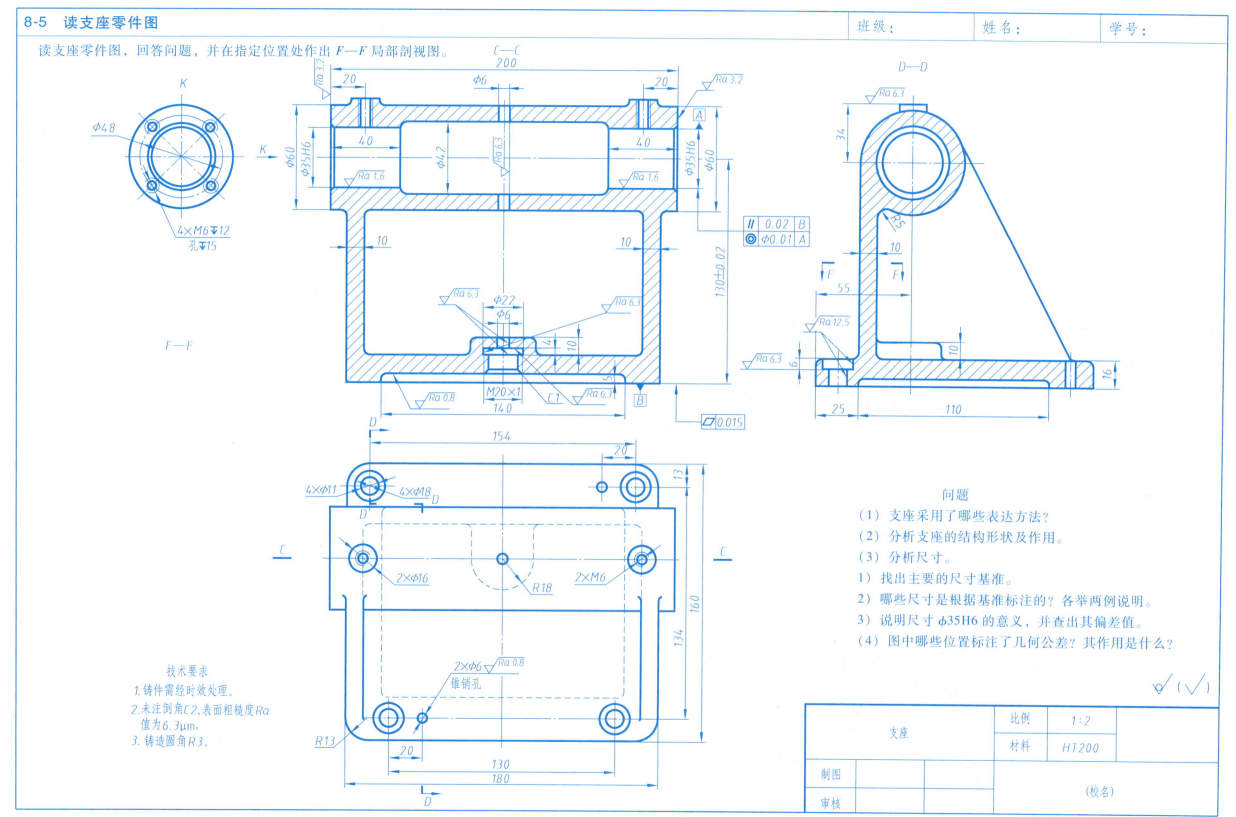

8-6 根据零件轴测图画零件工作图（一）

班级：　　　姓名：　　　学号：

1.
名称：泵轴
材料：45

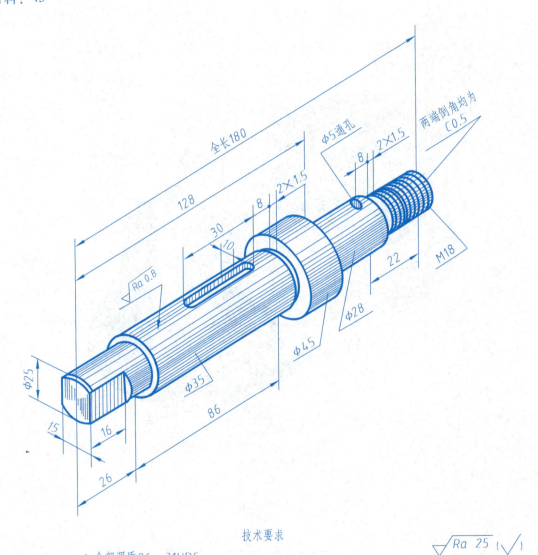

技术要求
1. 全部调质26～31HRC。
2. ϕ28圆柱面表面淬硬55～62HRC，淬硬深度为0.7～1.5mm。

注：1. 键槽宽、深尺寸及公差从国家标准《平键　键槽的剖面尺寸》（GB/T 1095—2003）中查得。
　　2. 键槽两侧的表面粗糙度Ra值为3.2μm，底面的表面粗糙度Ra值为12.5μm。

2.
名称：油泵盖
材料：HT150

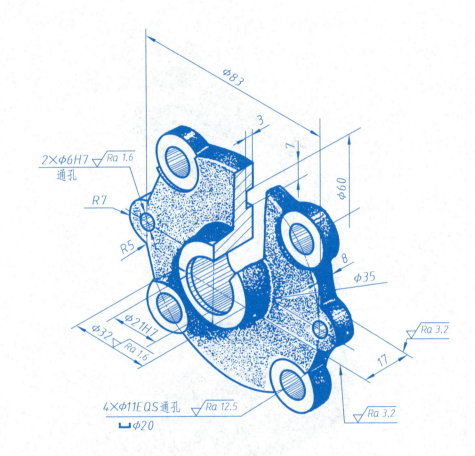

技术要求

1. 铸件不得有裂纹、气孔、砂眼、缩孔和夹渣等铸造缺陷。
2. 未注铸造圆角R2～R4。
3. 加工前必须进行时效处理。

注：ϕ21H7孔两端倒角为C0.5。

8-7 根据零件轴测图画零件工作图（二）

班级：　　　姓名：　　　学号：

1.

名称：连杆

材料：HT200

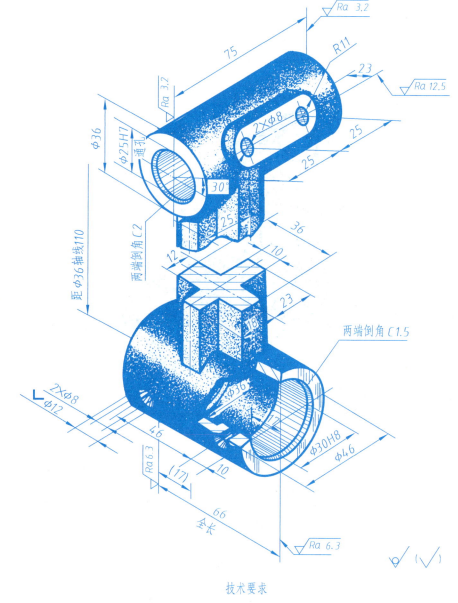

技术要求

1. φ30H8孔和φ25H7孔表面粗糙度Ra值为3.2μm。
2. 2×φ8孔表面粗糙度Ra值为6.3μm。
3. 未注铸造圆角R2～R4。

2.

名称：箱体

材料：HT200

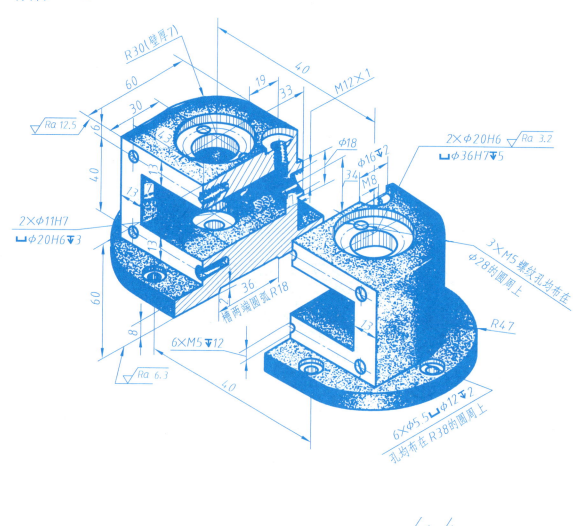

技术要求

1. φ20H6与φ16各孔的表面粗糙度Ra值为3.2μm。
2. φ11H7孔的表面粗糙度Ra值为6.3μm。
3. 未注各加工面的表面粗糙度Ra值为25μm。
4. 未注铸造圆角R2～R5。

第九章 装 配 图

9-1 由旋塞阀各零件的零件图画其装配图   班级：   姓名：   学号：

根据给出的旋塞装配示意图和各零件的零件图，按 1∶1 的比例绘制装配图。

旋塞阀的功能及工作原理

旋塞阀是装在管路中的一种开闭装置。当用扳手转动旋塞 4 使其圆形孔对准壳体 1 的管孔时，管路畅通（如旋塞装配示意图所示情况）；当用扳手将旋塞 4 转动 90°，使旋塞 4 堵住壳体 1 的管孔时，可闭合管路。在旋塞 4 的杆部与壳体的内腔之间，装入填料 5，并装上填料压盖 3，拧紧螺栓 2 可使填料压盖 3 压紧填料 5，起到密封防漏的作用。

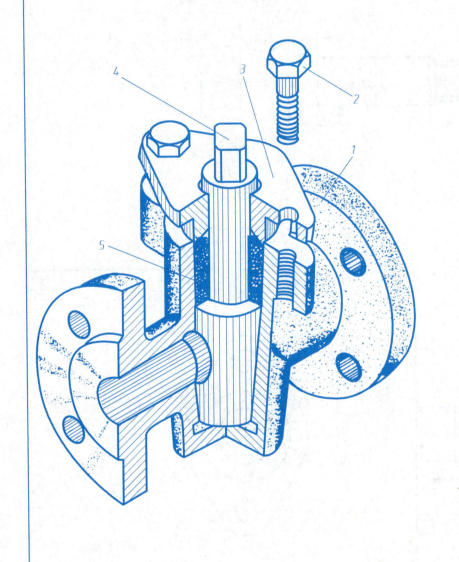

5		填料	1	石棉绳	
4		旋塞	1	HT200	
3		填料压盖	1	HT200	
2	GB/T 5782—2016	螺栓 M8×30	2	Q235A	
1		壳体	1	HT200	
序号	代号	名称	数量	材料	备注

旋塞阀	比例	
	共 张	第 张
制图		(校名)
审核		

9-1 由旋塞阀各零件的零件图画其装配图（续）　　班级：　　姓名：　　学号：

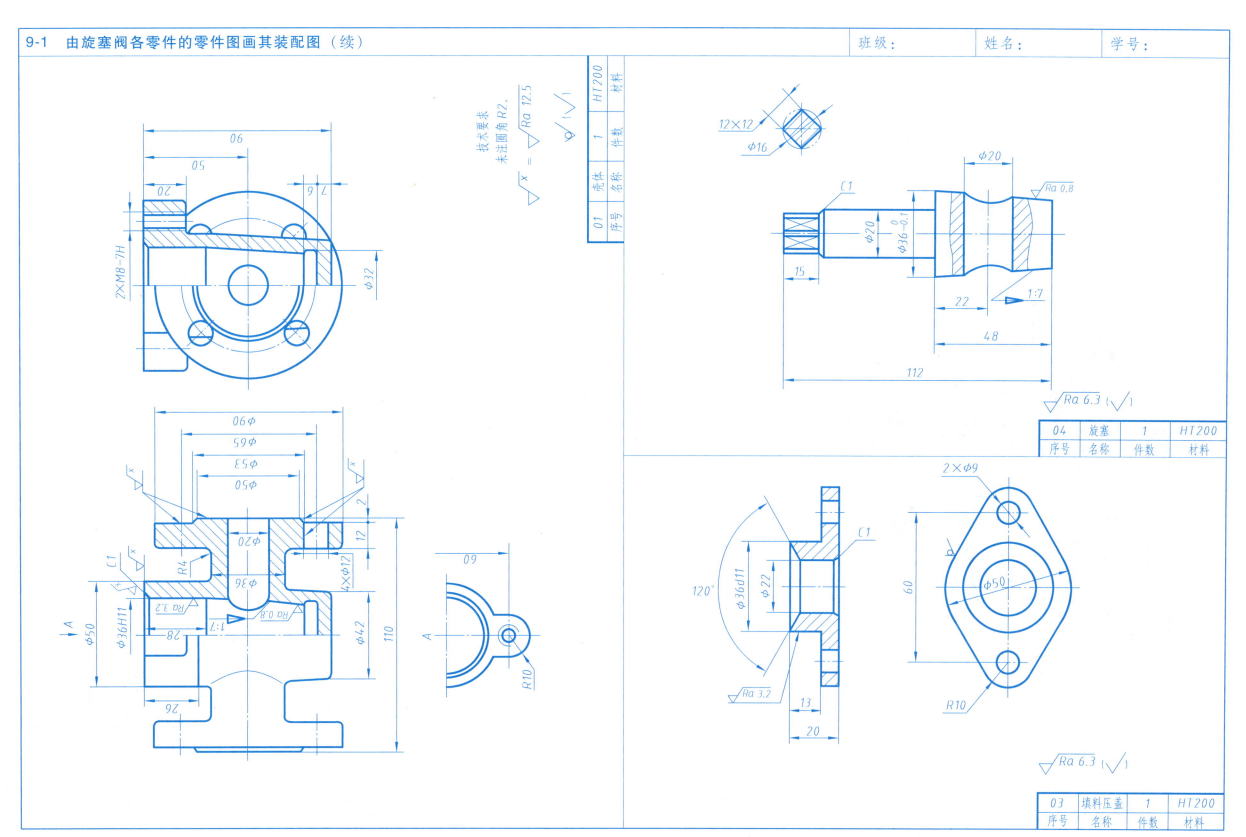

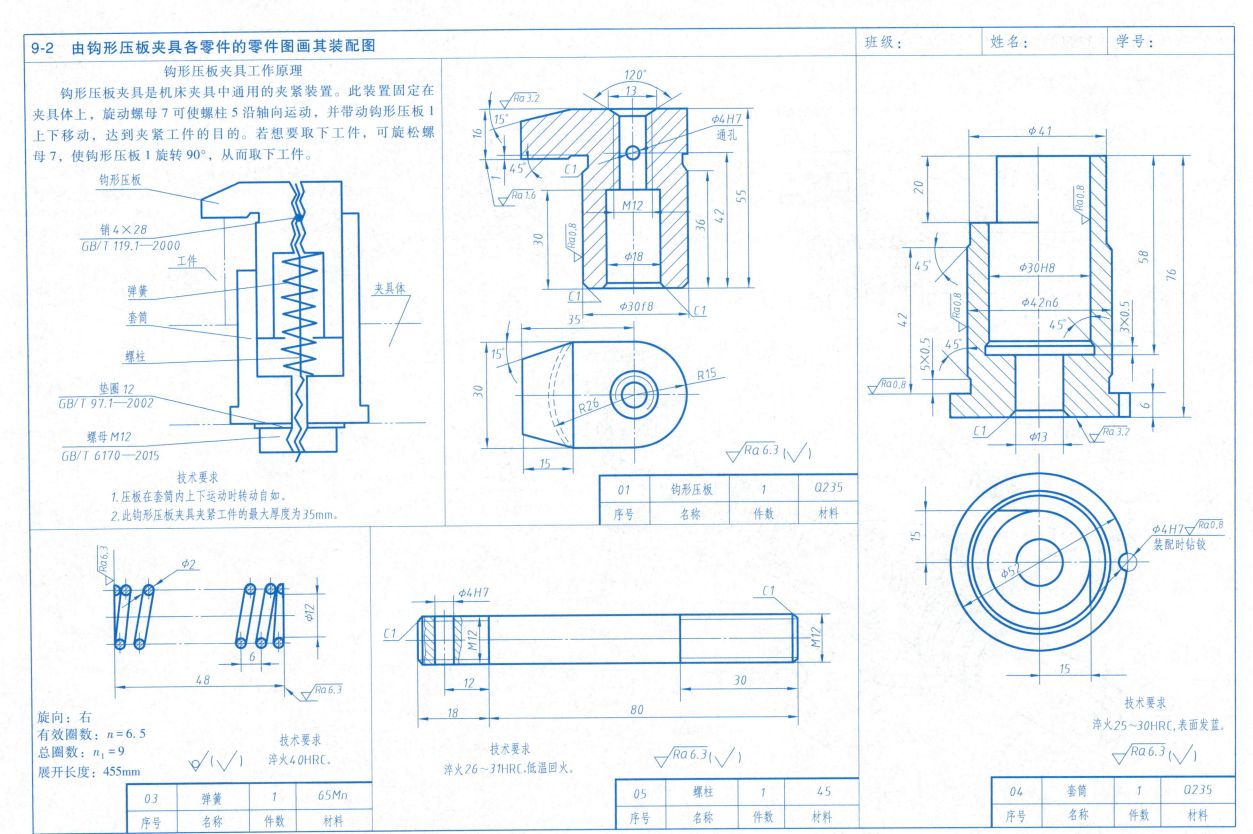

9-3 由柱塞泵各零件的零件图画其装配图

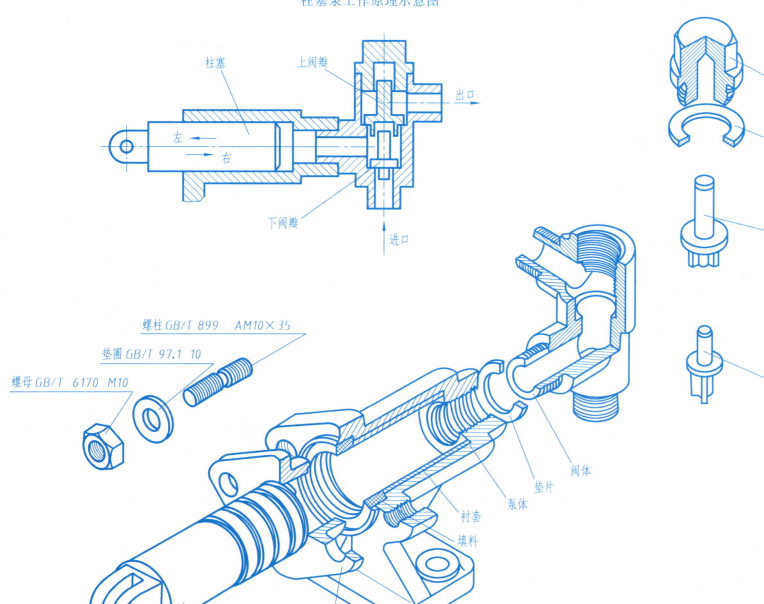

柱塞泵工作原理示意图

柱塞泵工作原理

柱塞泵是输送液体的增压设备，由电动机及其他机构带动柱塞做往复运动。当柱塞1向左移动时，泵体5内空间增大，内腔压力降低，液体在大气压力的作用下，从进口冲开下阀瓣11进入泵体5。当柱塞1向右移动时，泵内液体压力增大，压紧下阀瓣11而冲开上阀瓣10，使液体从出口流出。柱塞不断地往复运动，液体不断地吸入和流出。

技术要求

1. 柱塞泵装配后试验不许有泄漏，工作压力为0.98MPa，柱塞往复240次/min。
2. 检验合格后，进出口必须密封，外露非加工面涂银灰色漆。

9-3 由柱塞泵各零件的零件图画其装配图（续）

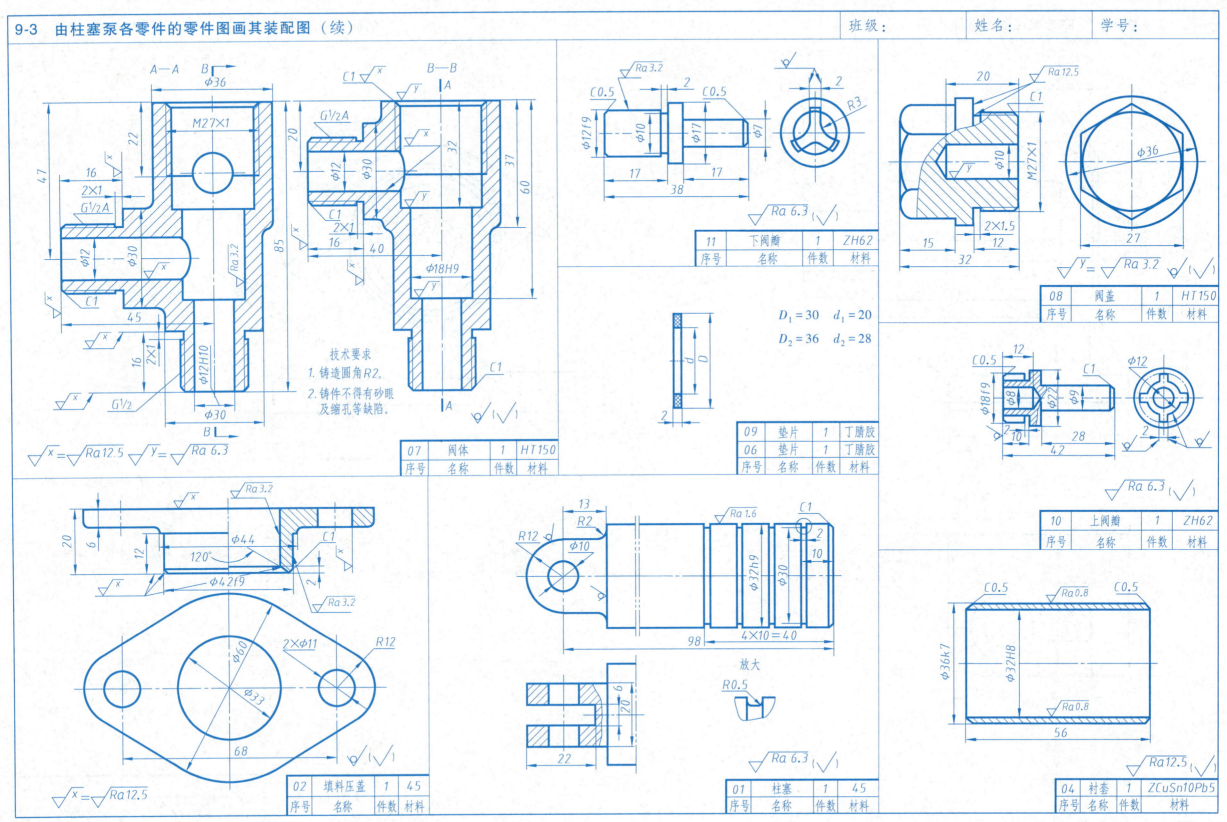

9-3 由柱塞泵各零件的零件图画其装配图（续）

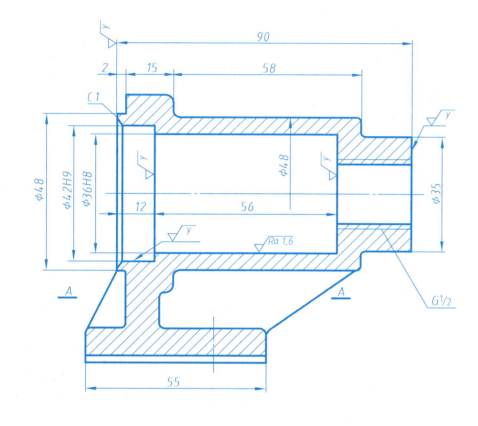

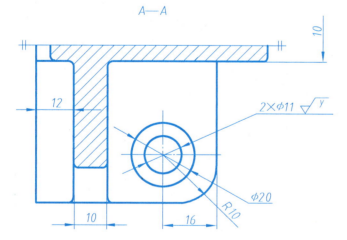

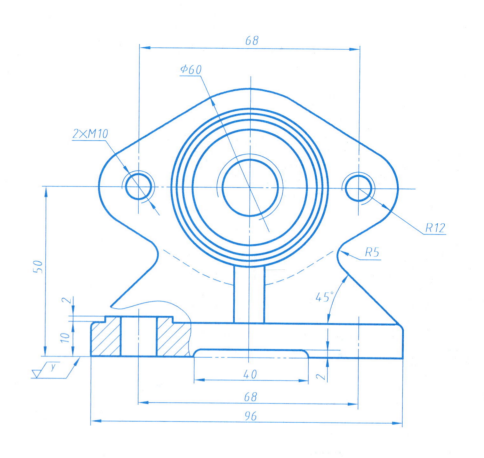

技术要求
1. 铸造圆角R2～R4。
2. 铸件不得有砂眼及缩孔等缺陷。

$\sqrt{y} = \sqrt{Ra\,6.3}$ $\sqrt{}(\sqrt{})$

05	泵体	1	HT150
序号	名称	件数	材料

| 9-4 装配练习 | 班级： | 姓名： | 学号： |

作出联轴器的各部分连接图。

1) 圆盘 2、3 之间用螺栓连接：螺栓 GB/T 5782 M12×50。

2) 轴 1 与圆盘 2 之间用普通平键连接：GB/T 1096 键 8×7×28。

3) 圆盘 3 与轴 4 之间用圆锥销连接：销 GB/T 117 6×70。

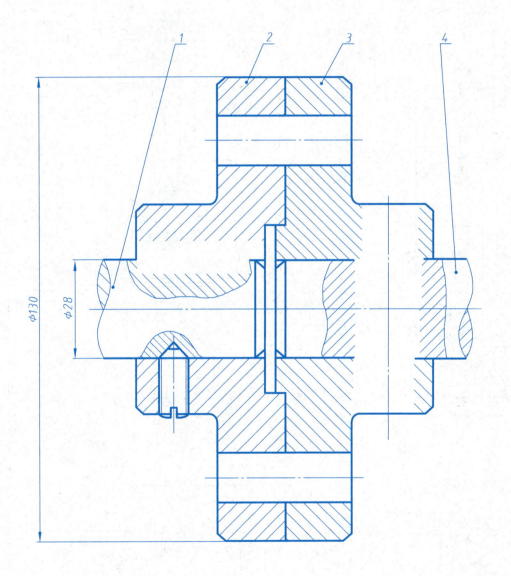

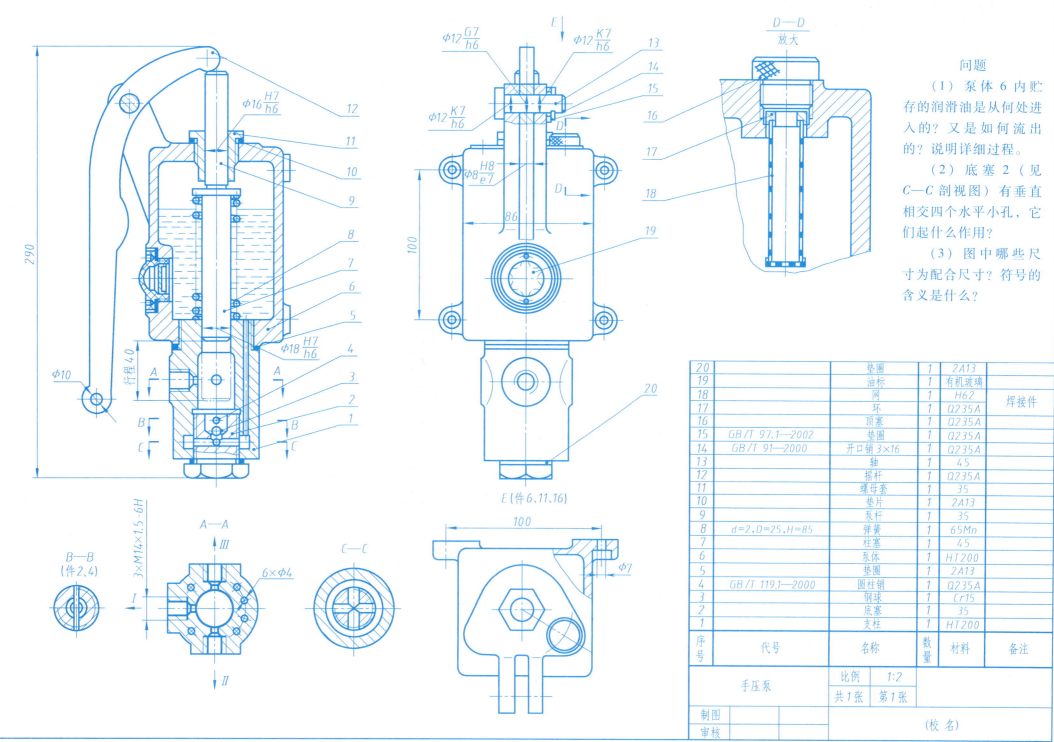

9-6 读膨胀阀装配图　　　班级：　　姓名：　　学号：

读膨胀阀装配图，回答问题，并拆画阀体3的零件图。

问题
（1）氟利昂是怎样在阀体3中流动的？其流量大小靠什么来控制？
（2）阀体3中的芯杆4是如何移动调整通道口的间隙的？

膨胀阀工作原理

　　高压气体通过膨胀阀由液态转变为气态大量吸热而制冷。膨胀阀是制冷系统广泛采用的一种自动控制冷库温度的装置。

　　阀体3上装有感温管9与温包盖10，感温管9中充满了对温度变化非常敏感的四氯化碳气体。当冷库的温度变化时，在冷库中感温管9内的四氯化碳气体体积发生变化，使膜片8膨胀，推动垫块7、推杆6，使弹簧座5压缩锥形弹簧2向左移动，从而带动芯杆4调整其与阀体3的间隙，使通过阀体3的氟利昂流量增大或减小，以调整冷库中的温度达到规定的要求。

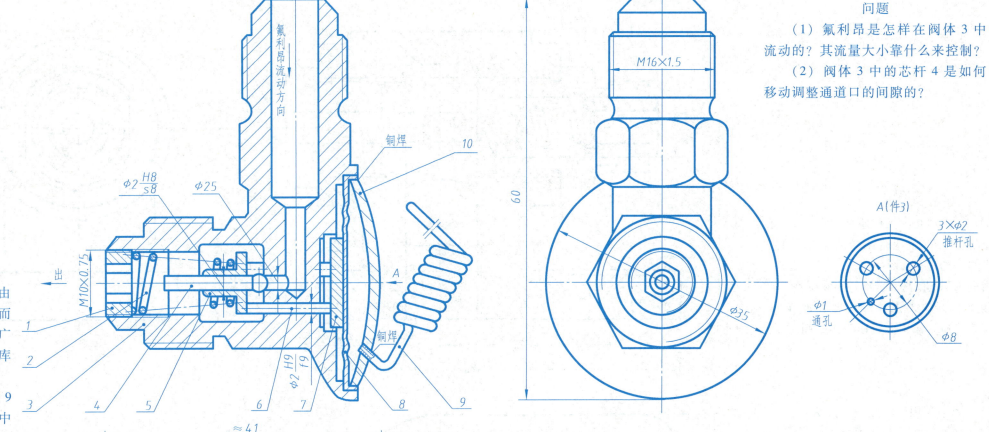

技术要求
1. 温包盖和感温管等应焊牢，保证密封不泄漏。
2. 充灌制冷剂后封牢，充前干燥处理。
3. 感温管温度在 −10～5℃内，球阀应动作灵敏。

10		温包盖	1	H62	
9		感温管	1	纯铜	φ3×1
8		膜片	1	纯铜	厚0.2
7		垫块	1	H62	
6		推杆	3		φ2×12滚针
5		弹簧座	1	Q235A	
4		芯杆	1	Q235A	
3		阀体	1	ZH62	
2		锥形弹簧	1	65Mn	
1		螺母	1	H62	
序号	代号	名称	数量	材料	备注

膨胀阀　　比例 2:1
共 张　第 张
制图
审核　　　　　（校名）

9-7 读控制阀装配图

读控制阀装配图，回答问题，并拆画阀体3、管接头6的零件图。

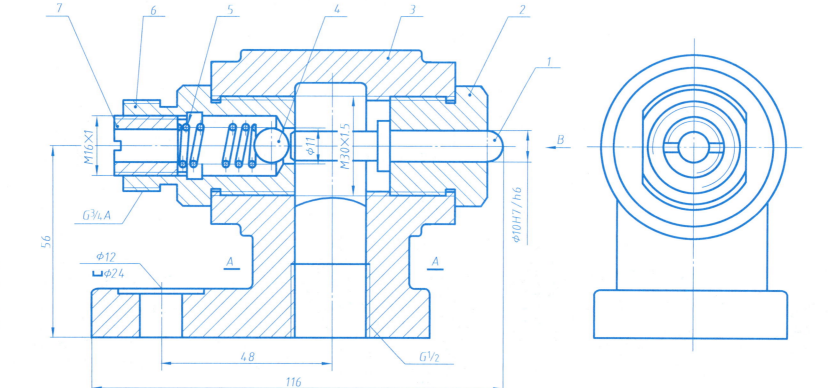

控制阀的工作原理

控制阀安装在管路系统中，用于控制管路的"通"或"不通"。当杆1受外力作用向左移动时，钢珠4压缩压簧5，控制阀被打开；当去掉外力时，钢珠4在压簧5的弹力作用下将控制阀关闭。

问题

（1）图中采用了哪些表达方法？
（2）试述旋塞7的作用。

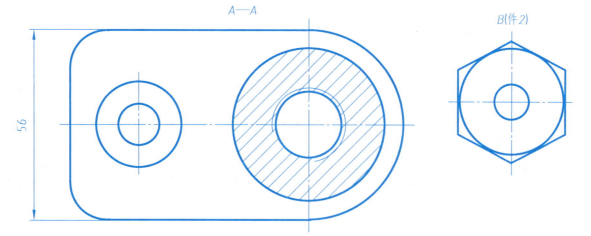

7		旋塞	1	30	
6		管接头	1	30	
5	1.6×12×32	压簧	1	65Mn	n=6.5, n_1=9
4		钢珠	1	45	
3		阀体	1	HT200	
2		螺塞	1	30	
1		杆	1	30	
序号	代号	名称	数量	材料	备注

控制阀　比例 1:1　共张 第张

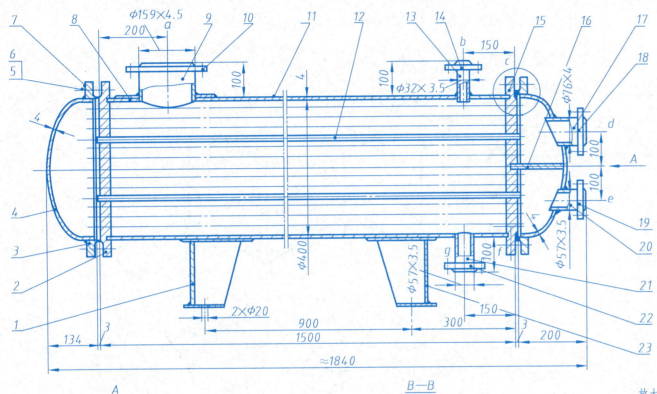

第十章 立体表面的展开

10-1 表面展开（一）

班级： 姓名： 学号：

1. 求作漏斗的表面展开图。

2. 求作变形接头的表面展开图。

3. 按 1：1 的比例在 A2 幅面的图纸上画出 Y 形管的表面展开图。

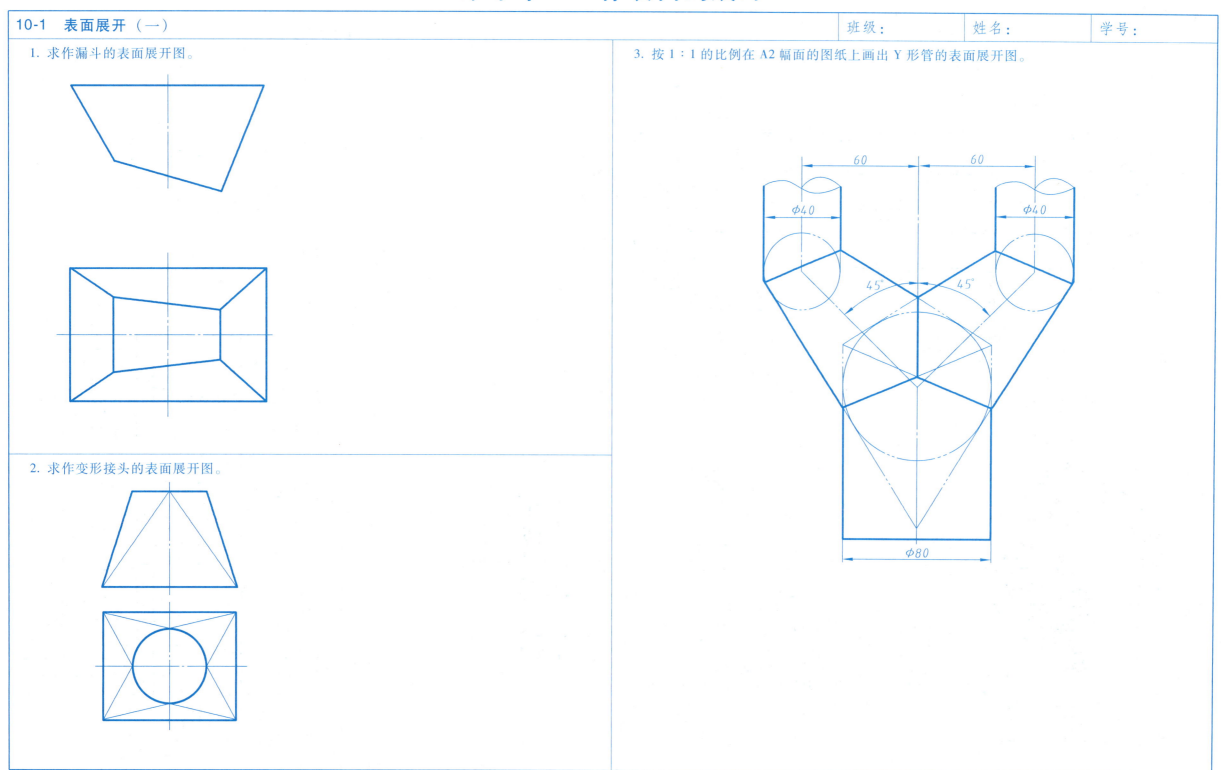

10-2 表面展开（二）　　　　　　班级：　　　姓名：　　　学号：

1. 求作三通管接口 A、B 两部分的表面展开图。

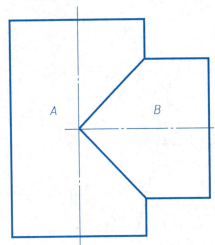

2. 求作半球面的表面展开图。

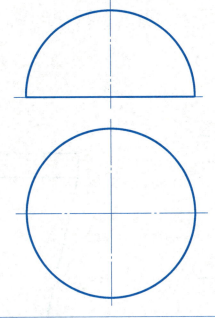

3. 求作圆环管接头的表面展开图（用圆柱面近似展开作图）。

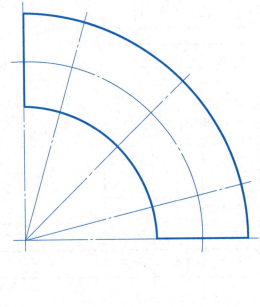

4. 求作内径 φ15mm、外径 φ40mm、导程为 40mm 的正螺旋柱状面（右旋）的主视图、俯视图及表面近似展开图。

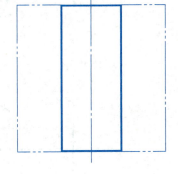

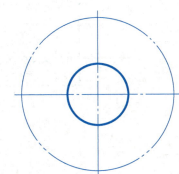

· 69 ·

第十一章 焊接图

11-1 焊缝的表达

1. 按图中所示焊缝图形标注焊缝代号。

2. 将图中所示焊缝代号用焊缝图形表示出来。

3. 在挂架上标注焊缝代号。

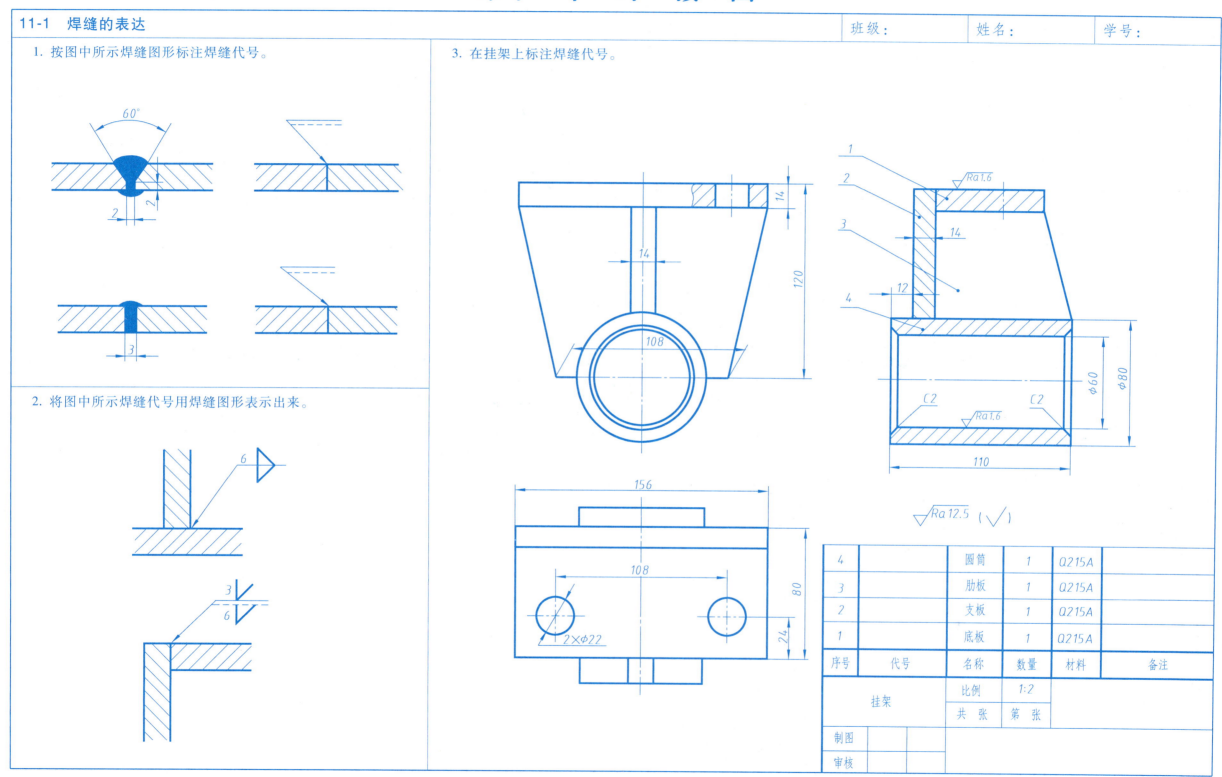

第十三章　AutoCAD 绘图基础

13-1　AutoCAD 练习（一）　　班级：　　姓名：　　学号：

1. 制作自己的绘图模板文件（.dwt），要求：

（1）完成单位设置，数值与角度均采用十进制，精度保留 3 或 4 位小数。

（2）将绘图界限设置为 A3 图纸大小，即以（0，0）和（420，297）为角点。

（3）用同样的方法制作绘图界限为 A2 图纸大小的模板文件。

（后面的练习均在自己创建的模板文件中绘制新图形）

参考命令：new、units、limits、save。

2. 在 A3 图纸中，按照给定的数据绘制下方图形（不标注尺寸和文本）。

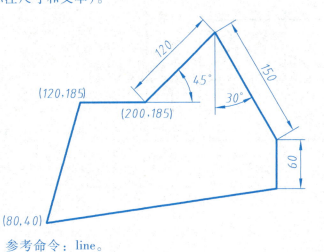

参考命令：line。

3. 在 A3 图纸中绘制下方图形，尺寸自定。

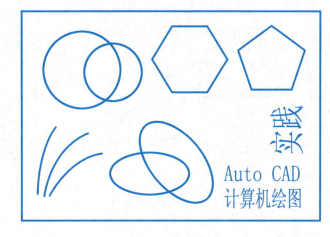

参考命令：line、circle、arc、polygon、ellipse、dtext。

4. 在下方图中的每个拐角处作 R15 的圆角（不标注尺寸）。

参考命令：line、offset、trim、chamfer、fillet。

5. 在 A3 图纸中，按照图 a 所示尺寸绘制图形；然后在其下方复制出一个相同的图形，按照图 b 所示尺寸编辑新图形（点画线用细实线代替，不标注尺寸）。

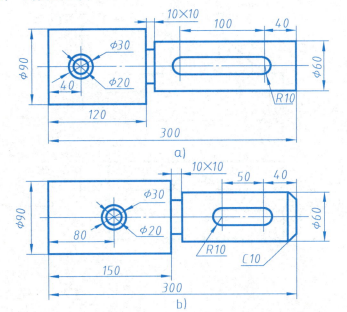

参考命令：line、circle、offset、trim、copy、chamfer、move、stretch。

6. 在 A3 图纸中，按照图 a 所示尺寸绘制图形；然后在其右侧镜像复制得到一个相反的图形，按照图 b 所示尺寸编辑新图形（点画线用细实线代替，不标注尺寸）。

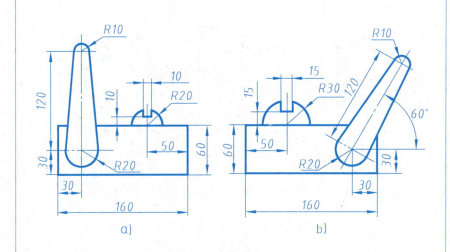

参考命令：line、circle、offset、trim、mirror、scale、rotate、erase、extend。

7. 在 A3 图纸中，按照给定的尺寸绘制图形；然后将左侧的正六边形和小圆在相应的圆周上每隔 60°进行环形阵列；将右侧的正六边形和小圆向右下方进行 3 行×2 列的矩形阵列，行间距为 50mm，列间距为 80mm（点画线用细实线代替，不标注尺寸）。

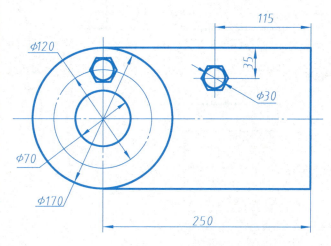

参考命令：line、circle、offset、trim、polygon、array。

13-2　AutoCAD 练习（二）

班级：　　　姓名：　　　学号：

1. 在自己制作的模板文件中完成文本类型设置和辅助工具设置，加入图框和标题栏作为模板文件的基础图形，图框的尺寸参照教材，标题栏的格式和尺寸如下方图所示（不区分线型）。

2. 分别在 A3 图纸中，根据给定的尺寸，按照 1∶1 的比例绘制下列图形（点画线用细实线代替，不标注尺寸）。

(1)

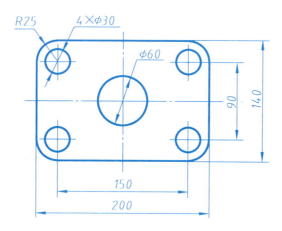

(2)

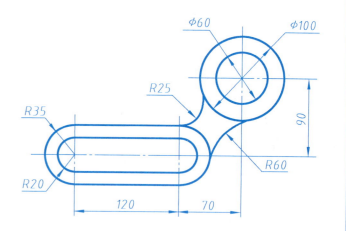

参考命令：open、style、dsettings、osnap、line、offset、trim、dtext、save。

(3)

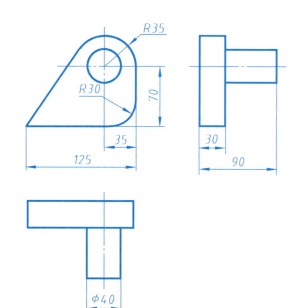

(4)

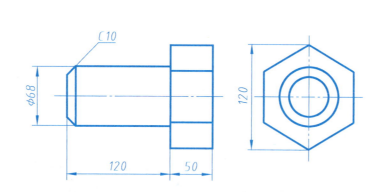

(5)

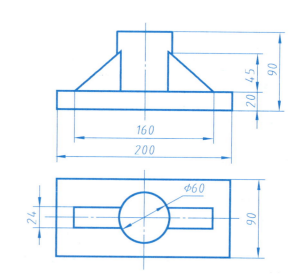

13-3　AutoCAD 练习（三）　　　　班级：　　　　姓名：　　　　学号：

1. 在自己制作的模板文件中完成图层设置，为每个图层设置不同的颜色和相应的线型（必要时可修改线型文件 ACADISO.lin）。文件中至少有 5 个图层，分别用于绘制粗实线、细实线、虚线、点画线和双点画线。然后将模板文件中的图框和标题栏等基础图形中的实体分别设置到相应的图层上。

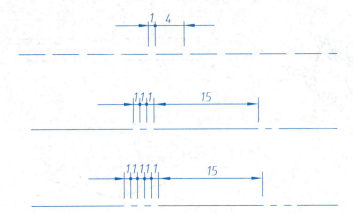

参考命令：open、layer、properties、save。

2. 在 A4 图纸中，按照图 a 所示尺寸定义表面粗糙度的图块（不包含尺寸），其中"Ra"的值是定义在图块中的属性；然后按照图 b 所示的图形分别插入表面粗糙度图块（用图层区分线型和颜色）。

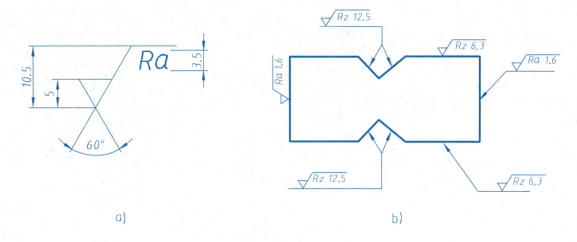

a)　　　　　　　　　　　　b)

参考命令：line、offset、trim、attdef、bmake、circle、polygon、insert、dtext。

3. 分别在 A3 图纸中，按照给定的尺寸绘制下列图形（要求用图层区分线型和颜色，不标注尺寸）。
（1）　　　　（2）　　　　（3）

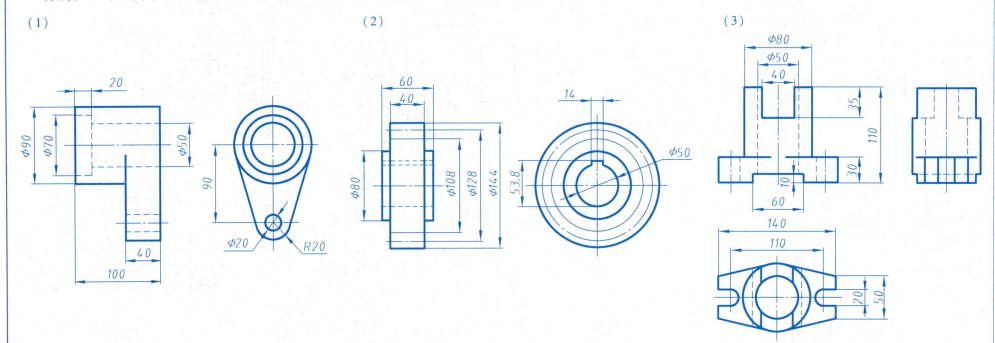

4. 在自己制作的模板文件中定义第 2 题图 a 所示的表面粗糙度图块，完成尺寸标注类型设置。尺寸标注类型设置建议尺寸数字高度与箭头的长度均采用 3.5mm。

参考命令：open、line、offset、trim、attdef、bmake、erase、dimstyle、save。

13-4 AutoCAD 练习（四）

班级： 姓名： 学号：

1. 在 A4 图纸中，按照给定的尺寸绘制下方图形（用图层区分线型和颜色），然后标注尺寸。

2. 分别在 A3 图纸中，根据给定的尺寸，按照 1∶1 的比例绘制下列图形（用图层区分线型和颜色），并标注尺寸。剖面线间距取 3mm 左右。

（1）

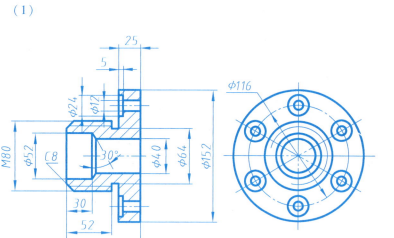

（2）

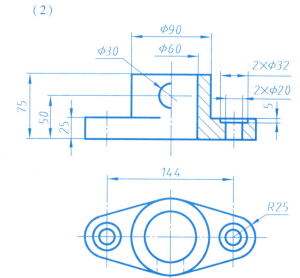

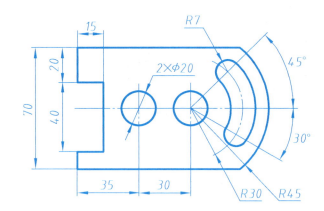

参考命令：line、offset、circle、trim、dimlinear、dimdiameter、dimangular。

（3）

（4）

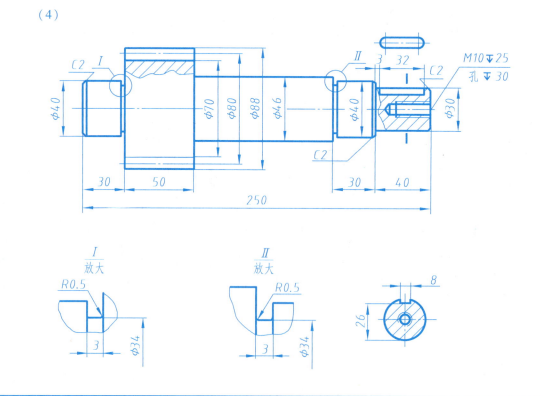

参考命令：bhatch。

参 考 文 献

[1] 敖泌云，张志勤，朱清萍. 画法几何及工程制图习题集［M］. 北京：机械工业出版社，1997.
[2] 钱可强，何铭新，徐祖茂. 机械制图习题集［M］. 7版. 北京：高等教育出版社，2015.
[3] 张先虎. 机械制图及微机绘图习题集［M］. 北京：机械工业出版社，1998.
[4] 杨裕根，诸世敏. 现代工程图学习题集［M］. 4版. 北京：北京邮电大学出版社，2017.